U0397236

［日］多田多惠子 著　［日］大作晃一 摄　普磊 译　徐申健 校

浪花朵朵

小学馆大百科 NEO

花的世界

北京联合出版公司
Beijing United Publishing Co.,Ltd.

目录

小学馆大百科 **花的世界**

这本书按下面的目录进行排序。
通过标题可以查找相应的页码。

封面：郁金香
封底：牵牛花
扉页：苹果
目录左页：由上至下分别是欧铃兰、染井吉野樱、
含羞草、化毛莨、绣球、香豌豆
目录右页：由上至下分别是麻栎、日本蜡瓣花、
山茶、栗耳短脚鹎、温州蜜柑、巨人柱

趣味学习专题页

3

本书的阅读方法

这本图鉴主要介绍草和树木的花，涉及约1250种植物，以遗传物质（DNA）分析法（被子植物 APG 分类法）最新分类为依据进行排序。本书从进化程度较高的植物开始介绍，逐渐过渡到保留更原始特点的植物。按照顺序观察花的图片，跟随植物的发展轨迹，感受植物的微妙变化。

标题　标题是本页中最常见的植物名称。在这里找找你熟悉的植物吧。

简介　列举该页植物最重要的特点。如果本页只有同一科的植物，则介绍科的特点。

加深理解内容的图片

每一页都附有许多张图片，展示植物的生长状态、利用方法和令人意想不到的生存环境等，能够帮助我们更充分地认识植物。

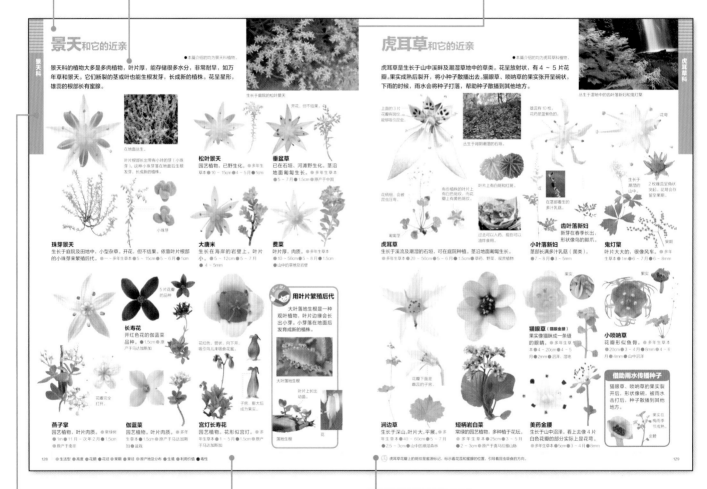

一句话信息　对植物进行详细说明，或者介绍一些有趣的内容以及不常听到的小知识等。

用颜色来区分植物种类

本书的植物按照"目"为单位进行分类，并在页面边缘用不同颜色加以区分。目的名称参照目录。颜色框里的文字是植物"科"的名称，是比目更细化的分类单位。

数据信息　将植物的生活型、高度等信息罗列，并用不同颜色的符号标记区分，一目了然。主要选取植物主要特征的相关项进行介绍。

- ●生活型　植物为适应环境表现出来的形态。
- ●高度　株高或树高。
- ●花期　开花的时期。
- ●花径　原则上是指花的直径。
- ●果期　结果的时期。
- ●果径　原则上是指果实的直径。细长的果实则指其长度。
- ●原产地及分布　植物的来源和生长的地方。
- ●生境　植物生活的环境。
- ●利用价值　植物的用途。
- ●毒性　植物是否有毒或有毒的部位。

如何阅读植物的信息

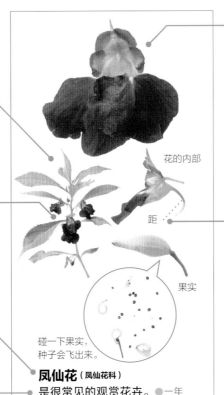

花的正面图片
这本图鉴中展示的花的正面图，是大部分这类书中没有的。

介绍植物特点的图片
通过几张图介绍植物的果实、种子及其他部位的主要特点。

花的内部

植物的整体形态
草本植物展示的是整体形态，木本植物展示的是枝叶的形态。

距

果实

种名
植物的名称。同一页中有多个科的植物时，科的名称会在种名后面标出。

碰一下果实，种子会飞出来。

凤仙花（凤仙花科）
是很常见的观赏花卉。●一年生草本● 60cm ● 7 ~ 9月 ● 3.5cm
●原产于东南亚

说明
简短易懂的说明。

补充说明的内容
标注植物的重要特征。

鬼针草 → P20
尖端的倒刺可挂在衣物或毛发上。

果序

指向关联页码的箭头
该植物的信息在其他地方也有提到时通过箭头指示对应的页码。这样就能了解到该植物的不同面貌了。

数据信息
生活型、高度、原产地及分布等基本信息。

专栏 分为"趣味知识"专栏和"🙂 试一试！"专栏

介绍植物的趣味知识。

介绍可以亲自动手操作的实验，培养大家自主调查、研究的能力。

专题页

通过一个主题，介绍植物的各种信息。让大家了解知识的同时，享受视觉上的愉悦体验。

长得像星星的水果

阳桃是酢浆草的近亲，属于木本植物，原产于东南亚。阳桃的果实是种水果，叶片略有酸味。

阳桃的花和尚未成熟的果实

果实。成熟后变黄。

切面呈星形。

试一试！ 用叶片繁殖后代

大叶落地生根是一种观叶植物，叶片边缘会长出小芽。小芽落在地面后发育成新的植株。

芽

大叶落地生根

叶片上长出幼苗。

落地生根

花

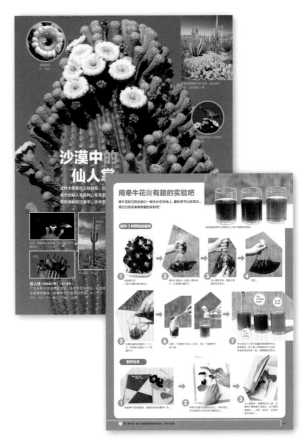

为什么会有花？

远古时期，植物不开花。接着，裸子植物出现了，它们开着花，花很质朴。后来，被子植物出现了，它们开着花，花有各种各样的花瓣。现在已知的最古老的被子植物化石，形成于距今约一亿四千万年前的中生代白垩纪。

借助昆虫传播花粉

阿拉伯婆婆纳利用花蜜来吸引昆虫。

飞来吸食花蜜的菜粉蝶

····· 雄蕊

雌蕊

阿拉伯婆婆纳的花

阿拉伯婆婆纳

原产于欧洲。春天来临，无论是在野外还是在路边，只要是露出土地的地方，人们都能看到它盛开着的蓝色小花。

种子的传播

植物自己是没有办法移动的，但可以借助种子进行跨越空间和时间的旅行。种子小而坚实，能在寒冷和干燥的环境中生存。

在普通植物无法生存的季节，种子也能存活下来。

授粉

植物授粉后才能结出果实和种子。虽然植物自己没办法移动，但它有多种方法将花粉运送到雌蕊，使其受粉。

繁殖后代的方式

阿拉伯婆婆纳借助昆虫传播花粉，或者雄蕊直接接触雌蕊，进行传粉，最后结出果实。八角金盘则不同，在同一朵花中，雌蕊和雄蕊成熟的时间是不同的，这是为了避免雄蕊产生的花粉传给同一朵花的雌蕊。

雄蕊成熟期
……雄蕊

雌蕊成熟期
……雌蕊

雄蕊枯萎。

八角金盘
八角金盘的雄蕊和雌蕊的成熟期是错开的。

雄蕊

雌蕊

大蜂虻正在吸食花蜜。

花粉附着在雌蕊上。

植物开花以后，花粉以各种不同的方式传送到雌蕊上，这一过程叫作传粉。花可以借助昆虫传粉，也可以进行自花传粉，即雄蕊将产生的花粉掉落到同一朵花的雌蕊上进行传粉。

花瓣凋落，结出果实

雌蕊受粉后，花的使命就完成了。植物的花瓣掉落，恢复朴素的样子。与此同时，子房快速膨大。

花瓣掉落，果实继续膨大。

残留的雌蕊

未成熟的果实

雌蕊

子房

摘掉阿拉伯婆婆纳的花瓣，里面看起来圆润的部分是子房，将来会发育成果实。子房里有胚珠，将来会发育成种子。

果实中的种子

种子的形成

果实内部孕育出新的生命——种子。种子会被送到新的环境中。秋天，种子发芽，长出新的阿拉伯婆婆纳，到了下一年春天，植株便开花了。

2枚雄蕊和1枚雌蕊被4片花瓣包围。

小小的种子会被送到各地。

7

花的形态

花的形态大致分为 4 种。
有的花欢迎所有昆虫来采蜜，
就像对所有顾客开放的餐馆一样；
有的花只希望个别的昆虫来采
蜜，就像只对特定的顾客开
放的专卖店一样。

朝上开的花

菊科或伞形科等植物的花朝上开，因
花形便于站立，所以受到几乎所有昆
虫的喜爱。昆虫在花上走动，采集花
蜜、花粉的同时，就在给花传粉。

正站立在药用蒲公英上的
斐豹蛱蝶

雄性黄纹花天牛一边舔食
着花粉，一边等待着雌性
飞来。

蓟花上落着一对花金龟。口器短且不灵活的昆虫也能
在向上开的花朵上享用花粉和花蜜。

正在吸食百日菊花蜜的直纹稻弄蝶

横向开的花

横向开的花，产生花蜜的位置更深，只有口器较长、能拨开花瓣把头钻进去的昆虫才能吸食到花蜜，而这些昆虫都是非常聪明和灵巧的。

美凤蝶落在杜鹃花上，顺着花瓣的纹路，将口器插入花中吸食花蜜。

蜜蜂正在吸食花蜜。花瓣的纹路指明了花蜜储藏处的入口。

探访百子莲的熊蜂

探访紫萼路边青的一种熊蜂

向下开的花

只有腿脚灵活的蜜蜂才能采集这类花的花蜜。蜜蜂会探访自己选中的花，它是最高效的花粉传播者，所以，花儿不想让蜜蜂以外的其他昆虫吸食花蜜。

向下开的蓝莓花吸引了熊蜂。熊蜂停留在向后卷曲的花瓣边缘处。

吸食大花六道木花蜜的熊蜂

风媒花

利用风而不是昆虫来传粉的花叫风媒花。它们不需要通过花蜜或气味吸引昆虫。这类植物的花小，不显眼，没有能表明花的特征的花瓣。

日本柳杉
树梢随风摆动，花粉随之飘散。花粉的大量传播，能够提高授粉的成功率。

稻
稻开花后，只有雄蕊和雌蕊，没有花瓣。花序随风摆动并完成授粉。

日本桤木
雄花序长长垂下，易随风摆动。雌花接受花粉，完成授粉。

9

种子的传播方式

植物的果实和种子能孕育出新的生命。植物不能移动，因此需要借助风、水等自然力量和动物的力量，将果实和种子尽可能远地传播出去。

芒的茸毛随风飞舞。

翅 种子上有较大的翅。

药用蒲公英的冠毛

心叶大百合的种子随风飞舞。

……翅

冠毛飞舞

茸毛轻盈，可随风飘散。

三角槭

种子有翅

扁平的翅可借助气流，长时间飘浮在空中，散播至远方。

借风力、水力传播

冠毛和翅容易随空气、水的流动被带到远方。

借助水的力量

沼芋的种子落入水中，随水漂走。

果实或种子掉落到河流或海洋里，会被水流带向远方。有的种子也会被雨水打落，掉在地上生根发芽。

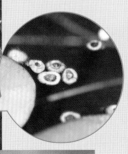

粉花月见草的果实淋雨后会开裂，呈酒杯状。果实里的种子会被雨水打落，掉在地上生根发芽。

自行开裂

有的果实受力后开裂，种子弹出。

椰子的果实会被海水冲走，有的甚至被带到非常遥远的地方，继而生根发芽。

凤仙花的果实膨大、开裂，种子随即散落。

山桐子

啄食红色果实的斑鸫

七灶花楸

吸引鸟类

鸟类非常喜欢红色果实。果实被鸟类吞食后，种子随粪便排出。

黏糊糊的

附着在动物身上

有些果实通过钩刺和黏液等附着在动物身上，被带到各地。

沾着苍耳果实的狗

为了附着在物体上，腺梗豨莶会分泌黏液。

西方苍耳果实，有钩刺。

大狼杷草的果实，有倒刺，附着在物体上后很难被取下。

借助动物传播

果实借助动物的活动被带到远方。

借助动物搬运

核桃、橡果等是松鼠及姬鼠的食物，它们被当作过冬的食物埋入地下，有的种子便会生根发芽。

枹栎的果实

核桃（胡桃）

麻栎的果实

借助蚂蚁搬运

东北堇菜、猪牙花等的种子里含有果冻状的油质体，蚂蚁很喜欢这种物质。

东北堇菜

蚂蚁在搬运东北堇菜的种子。白色部分为油质体。

在搬运青核桃的松鼠

枹栎种子萌发的芽

水芹和它的近亲

● 本篇介绍的均为伞形科植物。

水芹和它的近亲的花朵较小，聚集生长在枝叶顶端。它们的花储存花蜜的位置较浅，昆虫吸食起来很容易，所以大多数昆虫都来探访，如蝇、虻等。1 朵花能结出 2 个果实。伞形科植物均为草本，有独特香气。

生长在海岸沙地上的滨海前胡，花散发清香的味道，嫩叶可食用。

外侧的花较大，花瓣的形状各异。

内侧的花

花序

雌蕊分裂为 2 枚。

很多小花聚集起来形成 1 个大花序。

果序　放大图

果实成熟后，颜色变成褐色。

日本独活
花序平展，外侧的花看起来像是穿了礼服的人一样。果实看似 1 颗，其实是扁平的 2 颗紧贴在了一起。● 二年生草本 ● 1m ● 5 ~ 6 月 ● 5mm（内侧的花）、1.5cm（外侧的花）● 潮湿的野外

放大图

2 颗细长的果实贴合在一起，看起来像 1 颗。

鸭儿芹
有独特香味的蔬菜。● 多年生草本 ● 30 ~ 60cm ● 6 ~ 7 月 ● 2mm ● 4 ~ 5mm ● 山野或树林 ● 蔬菜

带刺的果实

胡萝卜
叶片微微裂开，橙色的根是种蔬菜。● 一 ~ 二年生草本 ● 50cm ● 5 ~ 10 月 ● 蔬菜

花的放大图

花序

从冬天到春天，柔嫩的叶片都可供人们食用。

水芹
有独特香味的蔬菜。● 多年生草本 ● 10 ~ 30cm ● 7 ~ 8 月 ● 3mm ● 蔬菜

果序

看似 1 颗果实，其实是 2 颗果实。

窃衣
果实稍带红色。

小窃衣
生长在野外或路边的杂草，果实带刺。● 一 ~ 多年生草本 ● 30 ~ 70cm ● 5 ~ 7 月 ● 2 ~ 3mm

花序

茎或叶也能作为蔬菜食用。

果实

茴香（小茴香）
果实香味浓烈，是一种调味料。● 多年生草本 ● 1 ~ 2m ● 5 ~ 7 月 ● 2mm ● 5 ~ 10mm ● 原产于地中海沿岸

大阿米芹
花店有售。● 一 ~ 二年生草本 ● 30 ~ 100cm ● 3 ~ 4mm ● 原产于地中海沿岸 ● 切花

调味料

伞形科植物香味浓烈，叶、果实、种子多用作中草药和调味料。

● 生活型 ● 高度 ● 花期 ● 花径 ● 果期 ● 果径 ● 原产地及分布 ● 生境 ● 利用价值 ● 毒性

八角金盘、海桐和它们的近亲

五加科和伞形科植物是近亲，它们像小球一样的小花会聚集在一起。花中心圆润鼓起的部分叫"花盘"，花蜜从这里渗出。成熟的果实是红色或黑色的，会被鸟儿吃掉。

花盘

闪闪发光的水滴状物体是花蜜。

雄蕊先成熟，之后雌蕊成熟，最后结出果实。

花序（雄花期）

雄蕊 ···· 雌蕊

先进入雄蕊成熟期。

花瓣和雄蕊脱落后的雌蕊成熟期。

绿色果实　成熟后变成黑色果实。　果序

八角金盘（五加科）
小花聚集成花序，并着生于枝干顶端。●常绿树●1～3m●11～12月●5mm●4～5月●7～10mm●沿海树林●景观树

胡蜂会来吸食花蜜。

八角金盘生长于阴湿的树荫下，冬季开少量的花，会吸引食蚜蝇、金环胡蜂等昆虫。

嫩叶的裂口较大。

果序

菱叶常春藤（五加科）
沿树木攀缘生长。●常绿攀缘灌木●最大为10m●10～12月●4mm●4～6月●8～10mm

花序

果序

食用土当归（五加科）
嫩茎香气宜人，常生长于高海拔山坡，也可人工培植。●多年生草本●1～2m●8～9月●5mm●高山原野●蔬菜

花很小。

着生于枝端的大花序

成熟的黑色果实

嫩芽可以用来制作美味的食物。

楤木（五加科）
枝干上有许多尖刺。叶片散发香味。●落叶树●2～6m●8～9月●3mm●9～10月

雄花

果实

枝干多刺。

刺人参（五加科）
生长于山中的小型树，有雌株和雄株。成熟的果实是红色的。●落叶树●1m●6～7月●5mm

姬天胡荽（五加科）
日本的草本植物，生长于潮湿的地面，与天胡荽很像。●多年生草本●6～10月●2mm●1.5mm

借助蚂蚁传播花粉。

天胡荽（五加科）
杂生在草丛中的草本植物，可入药。●多年生草本●6～10月●1mm●1mm

雄花

花朵芬芳。

雌花

果实裂开为3瓣，里边的种子有黏性，会被鸟类啄食并带去别处。

海桐（海桐科）
有雌株和雄株，常绿树。●2～4m●4～6月●2cm●11月～次年1月●1.5cm（裂开前）●海岸●景观树

香味浓烈的香芹、欧芹也是水芹的近亲。此外，海桐的叶子被撕碎后，会散发出独特的气味。

荚蒾、无梗接骨木和它们的近亲

●本篇介绍的均为荚蒾科植物。

荚蒾科植物的白色小花聚集生长于枝叶顶端，极易吸引甲虫。花序中有几朵很大的花，是不孕花，也能吸引昆虫。果实非常美味，鸟类吃完果实后，会把种子带到其他地方。

成熟后的荚蒾果实是深红色的。鸟儿和人一样，容易被红色吸引。

花不太好闻，但是昆虫喜欢。

小青花金龟来吸食花蜜，结果沾了一身花粉。

不孕花

外侧的大花是不孕花，不结实，主要作用是吸引昆虫。

果实很小，有酸味。

夹在荚蒾果实之间的绿色小球是虫瘿，里面住着瘿蚊。为了不被鸟类看见，虫瘿变成了绿色。

荚蒾
生长于混交林中的低矮树种。白色花朵和红色果实聚集成圆润的形状，十分漂亮。●落叶树●5m●5～6月●5～8mm●9～11月●6mm

显脉荚蒾
生长于山地，叶片形似龟甲。果实成熟后颜色由红色变成黑色。
●落叶树●6m●4～6月●2～3cm（不孕花）●8～10月

蝴蝶戏珠花
生长于树林中，叶片顶端较尖。

粉团
蝴蝶戏珠花的变异种，是庭院栽植树种。

叶片厚且有光泽。

外侧的花为不孕花。

日本珊瑚树
生长于温暖地区。未成熟的果实是红色的，口感生涩，成熟后颜色变成黑色，味道甘甜。●常绿树●20m●6月●6～8mm●8～10月●7～8mm

鸡树条
叶片3裂。果实颜色鲜艳，但并不受鸟儿的喜爱，因此会留存至冬季。
●落叶树●6m●5～7月●2～3cm（不孕花）●9～10月

花序

果序

腺体

果实

腺体
里面储存着花蜜，能够吸引昆虫。

无梗接骨木
生长于山林，生长速度快。树枝呈弧形延伸。●落叶树●3～6m
●3～5月●3～5mm●6～8月●4mm

接骨草
较大的草本植物，与无梗接骨木外形相似。除了花，腺体分泌的花蜜也能吸引昆虫。●多年生草本●1～1.5m●7～8月●3～4mm●光线充足的地方

●生活型 ●高度 ●花期 ●花径 ●果期 ●果径 ●原产地及分布 ●生境 ●利用价值 ●毒性

忍冬和它的近亲

●本篇介绍的均为忍冬科植物。

海仙花、大花六道木的花形状像喇叭。忍冬、莫氏忍冬的花会吸引蛾子，蛾子将细长的口器插入花中吸取花蜜。败酱、日本蓝盆花会开出许多小花来吸引昆虫。

海仙花花冠隆起的部分正好和熊蜂的体形吻合，便于熊蜂潜入其中吸食花蜜。

美丽锦带花
生长于太平洋沿岸的山地，花的颜色会由白色变成红色。

果实

桃红锦带花
生长于日本海沿岸的山地，开粉色花。

花的颜色由白色逐渐变成红色。

海仙花
生长在靠近大海的树林中，花色鲜艳，可种植于庭院。●落叶树
●3～5m●5～6月●3cm●2～3cm（长度）●景观树、公园树

粉色花品种

果实很像毽子。

大花六道木
校园或公园里常见的园艺植物，又叫大花糯米条。●半常绿或常绿
灌木●2m●6～10月●1.5～2cm

没有毛。

果实表面有毛。

细梗忍冬
生长于混交林。果实味道甘甜。

腺毛细梗忍冬
生长于山林。花向下开，花瓣5片。果实甘甜美味。●落叶树
●2m●4～5月●1cm●6月●1cm●山地

果实饱满，2颗一组排列。

初期，花是白色的，之后颜色变成奶黄色。

忍冬（金银花）
剥开花可吸食到美味的花蜜。傍晚时分，花会散发出香甜的气味来吸引蛾子。●多年生半常绿藤本●4～6月●3cm●有毒（果实）

初期，花是白色的，之后颜色变成黄色。

果实呈红色，颜色漂亮但有毒。

2颗一组，每2组果实一起着生在枝条上。

莫氏忍冬
能结出2个葫芦形状的果实。枝叶间夹杂着黄色和白色的花。
●落叶树●4～6月●6～8mm●有毒（果实）

败酱
生长于原野。●多年生草本●60～100cm●8～10月●5mm●11月●山地草原

白花败酱
茎粗，多毛。●多年生草本●60～100cm●8～10月●5mm●草地

头状花序外侧的花大。

头状花序

花有紫色和紫黑色的。

紫盆花
花店里常见的品种。花看似只有1朵，其实是由许多小花聚集而成的。●5～10月●5～6cm（头状花序）●原产于欧洲

日本蓝盆花
生长于山野草原的二年生草本植物。头状花序，外侧的花形似昆虫。

小说《哈利·波特》里的一些魔杖是用西洋接骨木制作的，西洋接骨木是原产于欧洲等地的无梗接骨木的近亲。

向日葵、蜂斗菜和它们的近亲

●本篇介绍的均为菊科植物。

向日葵的花实际上是由许多小花聚集而成的，外侧长得像舌头的小花叫舌状花，中心长得像细管的小花叫管状花。舌状花和管状花组成了向日葵的头状花序。

向日葵田。向日葵不仅具有观赏价值，它的种子还可以直接食用或榨油。

头状花序的结构

长得像舌头的舌状花

向日葵的舌状花是观赏花，不结果。

没有子房。

长得像细管的管状花

头状花序

雄蕊　雌蕊

子房

头状花序

雌蕊　雄蕊

头状花序的剖面：褐色部分为管状花的雄蕊。花从内向外依次开放。

子房就是最后变成果实的部位。花先长出雄蕊，然后长出雌蕊，雌蕊长出后授粉便开始了。

茎长到一定的高度后，舌状花和管状花开始生长，并聚集成头状花序。

果实

果实

总苞

总苞将花集合聚拢。

向日葵的管状花会结出果实。

菊科植物的花有 3 种类型

菊科植物的花都是头状花序，头状花序有 3 种：全部由舌状花组成，全部由管状花组成，由管状花和舌状花共同组成。

舌状花和管状花
由舌状花和管状花组成头状花序。
向日葵

舌状花
仅由舌状花组成头状花序。
蒲公英

管状花
仅由管状花组成头状花序。
蓟

向日葵
夏季园艺植物的代表。果实可榨油。●一年生草本●30～200cm
●7～8月●7～30cm●原产于北美洲●食用油、宠物食品

管状花

舌状花

地下的块茎可食用，俗称洋姜。

果序

管状花　舌状花

果序　果实

管状花　舌状花

果序　果实

管状花

果序

菊芋
可食用。已经野生化种植。●多年生草本●1.5～3m●8～11月●5～10cm●原产于北美洲●食用

剑叶金鸡菊
有非常强的繁殖能力。●30～70cm●5～7月●5～7cm●原产于北美洲

两色金鸡菊
观赏植物。●50～120cm●5～7月●3～5cm●原产于北美洲

野茼蒿
整株植物都很柔软。花均为管状花。●一年生草本●50～70cm●8～10月●原产于非洲热带地区

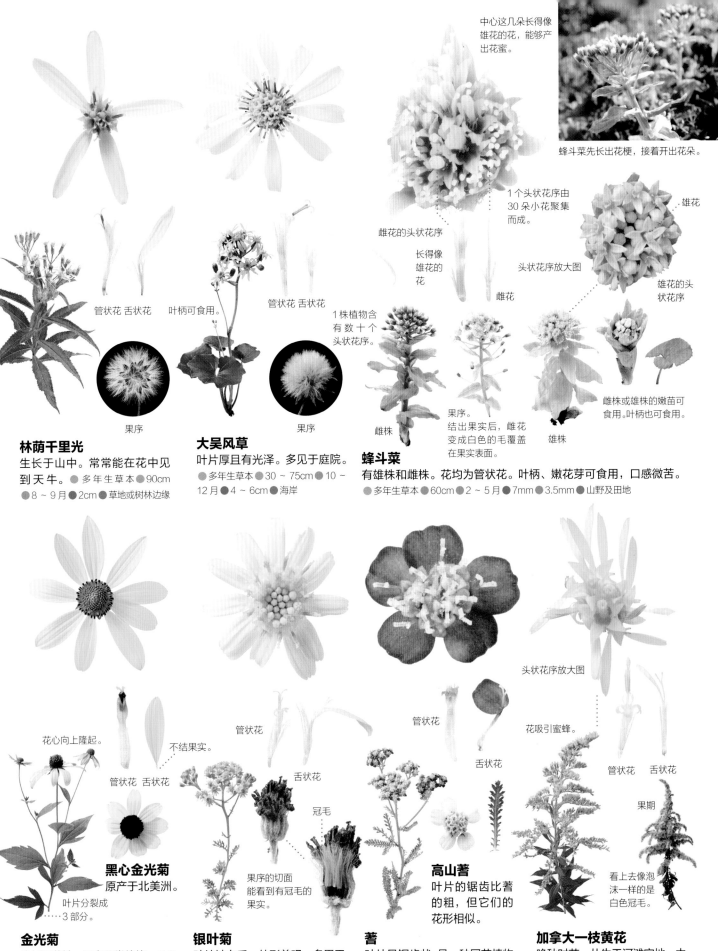

中心这几朵长得像雄花的花，能够产出花蜜。

蜂斗菜先长出花梗，接着开出花朵。

1个头状花序由30朵小花聚集而成。

雌花的头状花序

长得像雄花的花

雄花

雌花

头状花序放大图

雄花的头状花序

雌株或雄株的嫩苗可食用。叶柄也可食用。

管状花 舌状花

叶柄可食用。

管状花 舌状花

1株植物含有数十个头状花序。

果序。
结出果实后，雌花变成白色的毛覆盖在果实表面。

雌株

果序。

雄株

林荫千里光
生长于山中。常常能在花中见到天牛。●多年生草本●90cm
●8~9月●2cm●草地或树林边缘

果序

大吴风草
叶片厚且有光泽。多见于庭院。
●多年生草本●30~75cm●10~12月●4~6cm●海岸

果序

蜂斗菜
有雄株和雌株。花均为管状花。叶柄、嫩花芽可食用，口感微苦。
●多年生草本●60cm●2~5月●7mm●3.5mm●山野及田地

花心向上隆起。

管状花 舌状花

不结果实。

管状花

管状花

花吸引蜜蜂。

管状花 舌状花

舌状花

冠毛

舌状花

果期

头状花序放大图

黑心金光菊
原产于北美洲。

果序的切面能看到有冠毛的果实。

看上去像泡沫一样的是白色冠毛。

金光菊
生长于草地。具有观赏价值。●多年生草本●1~3m●7~10月●8cm
●原产于北美洲

叶片分裂成3部分。

银叶菊
叶片被白毛，外形美观，多用于园艺种植。●多年生草本●60cm
●3cm●原产于地中海沿岸

蓍
叶片呈锯齿状。是一种园艺植物，但已野生化。●50cm●7~8月
●6mm●原产于欧洲●草药

高山蓍
叶片的锯齿比蓍的粗，但它们的花形相似。

加拿大一枝黄花
晚秋时节，丛生于河滩空地。中国的外来入侵物种。●多年生草本
●2m●11月●6mm●原产于北美洲

外来入侵物种是指由于人类活动而引入的非本地物种，如果不加以控制，会肆意繁衍，将会对本地的生态系统造成严重破坏。

蒲公英、苦苣菜和它们的近亲

●本篇介绍的均为菊科植物。

蒲公英、苦苣菜以及它们的近亲的花都是头状花序，由舌状花聚集而成。切开茎或叶会流出白色乳汁，这是这类植物的特点。我们常吃的生菜也是菊科植物。

药用蒲公英。花多在春季盛开，夏季至冬季也零星可见。

看似一朵花，实际是由许多舌状花聚集而成。

舌状花的结构

雌蕊

雄蕊

花萼（冠毛）

花瓣

头状花序

子房

叶片沿地面生长。

总苞片向外翻。

切开茎后，流出白色乳汁。

叶片具齿，羽状深裂。

药用蒲公英
城市中最常见的一种蒲公英。●多年生草本 ●3～9月 ●3.5～5cm ●原产于欧洲 ●草地及路边

各种各样的蒲公英

宽果蒲公英
总苞片不向外翻。

白蒲公英
开白色的花。

冠毛部分（花萼）

会发育成果实的部分（子房）

授粉完成后，花闭合。

果序

果实成熟后，果序展开。

冠毛 果实

每颗果实均有冠毛。

舌状花

舌状花

果序

果序
茸毛（冠毛）如兔毛般柔软。

果序

果序

果序

原产于欧洲

欧洲猫耳菊
植株较高。●多年生草本 ●30～50cm ●5～9月 ●3cm ●日照充足的草地 ●原产于欧洲

日本毛连菜
叶面粗糙。●二～多年生草本 ●25～100cm ●5～10月 ●2～2.5cm ●日照较好的山林野地

苦苣菜（滇苦荬菜）
叶片柔软，没有尖刺感。●一～二年生草本 ●50～100cm ●4～7月 ●2cm ●路边及空地

续断菊
叶片带刺，有尖刺感。●一～二年生草本 ●50～100cm ●多数4～7月 ●2cm ●路边及空地

●生活型 ●高度 ●花期 ●花径（此页为头状花序的直径）●果期 ●果径 ●原产地及分布 ●生境 ●利用价值 ●毒性

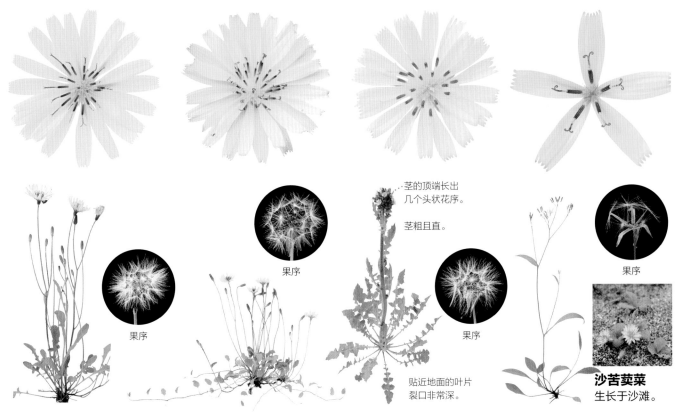

茎的顶端长出几个头状花序。

茎粗且直。

果序

果序

果序

果序

贴近地面的叶片裂口非常深。

沙苦荬菜
生长于沙滩。

剪刀股
比圆叶苦荬菜的头状花序大，且叶片更长。●多年生草本 ●20cm ●4～6月 ●2.5～3cm ●田地

圆叶苦荬菜
叶片沿地面匍匐生长，长有不定根。●多年生草本 ●4～7月 ●2～2.5cm ●田地、公园

黄鹌菜
株体覆盖短柔毛。●一～二年生草本 ●20～100cm ●5～10月 ●7～8mm ●庭院及田地

小苦荬
乳汁苦涩。叶片偶见分裂。●多年生草本 ●30cm ●5～7月 ●1.5cm ●草原

矮小稻槎菜
花瓣数比稻槎菜的多。●一～二年生草本 ●4～5月 ●8mm ●公园的半阴地

花是乳白色的。

果序

果序

稻槎菜
叶片可食用。●一～二年生草本 ●3～4月 ●1cm ●稻田

翅果菊
花在早上开放，傍晚闭合。●一～二年生草本 ●60～200cm ●8～11月 ●2cm ●荒地及原野

也有裂口很深的叶片。

生菜
古埃及人就已经食用的蔬菜。●一～二年生草本 ●5～8月 ●1cm ●原产于地中海沿岸及西亚

生菜的叶片一层层包裹着，看起来圆滚滚的。

菊苣也是可食用的

菊苣的花　　叶片可食用。

菊苣开淡紫色的花，和生菜一样都是可食用的。菊苣的味道比生菜苦。

试一试！

数花瓣

1 2 3 4 5

蒲公英、小苦荬的花瓣从顶端分为5个部分。看似只有1片花瓣，其实是5片花瓣粘连在了一起，所以，顶端有5个锯齿。

小苦荬的花瓣

乌兹别克斯坦等国原产一种叫作橡胶草的蒲公英，根部含有的乳汁可以制作成天然橡胶，预计将来可用于制造汽车轮胎等。

鬼针草 和它的近亲

●本篇介绍的均为菊科植物。

鬼针草的头状花序是由管状花组成的。长花帚菊的花瓣细长、卷曲，如同艺术体操中使用的丝带。鬼针草、苍耳等植物的果实有钩刺，可以钩住衣物。

大绢斑蝶正在吸食华泽兰的花蜜。

头状花序

管状花

头状花序的切面

长花帚菊
过去，人们将长花帚菊的树枝捆绑在一起制作扫帚。●灌木●60cm
●9~10月●2.5cm●山上的混交林

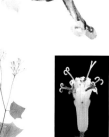

头状花序。
花柱顶端向外卷曲。

叶片的形状像蝙蝠。

腺柱蟹甲草
叶片形似螃蟹的甲壳。丛生于山林。●多年生草本●60~95cm●8月●7mm

头状花序。
雄蕊为褐色。

叶柄的形状很像翅膀。

山尖子
嫩叶可食用。丛生于山林。
●多年生草本●1~2m●8~9月●5mm

雌蕊的花柱向外延伸。

存储着花蜜。

头状花序。
花白色、粉色或红色。

1个节点上长着4片叶子。

华泽兰（多须公）
丛生于山林草地中，喜湿，能够吸引大绢斑蝶。●多年生草本●1m●7~8月●4~5mm

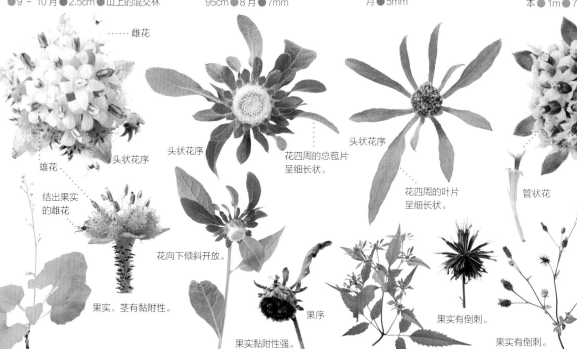

雌花

雄花

结出果实的雌花

头状花序

果实、茎有黏附性。

和尚菜
叶片与蜂斗菜的相似。●多年生草本●30~60cm●8~10月●7~10mm●林荫路边

头状花序

花向下倾斜开放。

果实黏附性强。

大花金挖耳
植物开花后的形态很像长杆烟斗。●多年生草本●50cm●8~9月●1cm（头状花序）、5cm（含总苞片）

头状花序

花四周的总苞片呈细长状。

花四周的叶片呈细长状。

果序

果实有倒刺。

大狼杷草
花外侧的总苞片像细长的花瓣。●一年生草本●1~1.5m●8~10月●7mm●河滩、路边

头状花序

管状花

头状花序

果实有倒刺。

白花鬼针草
鬼针草的变种，开白色的舌状花。

鬼针草
广泛分布于热带及温带地区。●一年生草本●50~110cm●9~11月●5~7mm●路边

用这些带刺的果实做游戏吧

一些菊科植物的果实会利用自己的倒刺或黏液，钩住或黏附在动物的毛发和人的衣物上。大多数植物的果实会利用这样的方式向远方播种、生长。

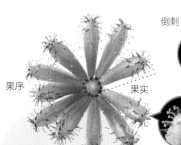

倒刺

果序　果实

鬼针草 → P20
尖端的倒刺可挂在衣物或毛发上。

果实放大图　果序

将苍耳的果实粘在衣服、帽子上，创作出各种图案。

和尚菜 → P20
中心的雄花脱落后，果实残存下来。果实的尖端有黏性，可黏附于衣物上。一颗果实长约6～9mm。

果实放大图

果序

大花金挖耳 → P20
果实的尖端有黏性，可黏附于衣物上。

带有黏性的液滴

大狼杷草 → P20
与鬼针草的果实很像，能挂在衣物或毛发上。

倒刺

果实放大图

果序

果实

总苞黏附到衣物上之后，果实随之掉落。

钩状的刺

成熟后颜色变成褐色。

腺梗豨莶
总苞有黏性，可黏附于衣物上。

总苞片

苍耳
刺的尖端弯成钩状。

西方苍耳
果实比苍耳的大，有尖锐的刺。

意大利苍耳
刺的尖端也有钩状突起。皮肤接触以后有痒痒的感觉。

狼杷草
果实与大狼杷草的相似，长有倒刺。

果实放大图

果序

腺梗豨莶（菊科）
总苞片黏的，像手臂一样向外伸出。●60～120cm●9～10月●2～3cm●山野

苍耳（菊科）
果实小。●一年生草本●20～80cm●8～10月●1～1.5cm●路边

西方苍耳（菊科）
原产于北美洲的大苍耳。●一年生草本●50～100cm●8～11月●1.5～2cm●空地

意大利苍耳（菊科）
果实大，触碰时有刺痒感。●一年生草本●50～100cm●7～10月●2～3cm●空地

各种各样有刺的果实

除了菊科的植物以外，还有其他许多科的植物果实也有刺。下面看看具体有哪些植物吧。

牛膝
（苋科）→ P61
小苞片为刺状。

龙牙草
（蔷薇科）→ P117
有钩状的刺。

锥序山蚂蝗
（豆科）→ P120
表面有纤细的钩状毛。

拉拉藤
（茜草科）
有钩状毛。

尖叶长柄山蚂蝗
（豆科）→ P120
表面有纤细的钩状毛。

多型苜蓿
（豆科）→ P118
有钩状弯曲的刺。

小苜蓿
（豆科）
有钩状弯曲的刺。

透骨草
（透骨草科）→ P31
有钩状刺。

狼尾草
（禾木科）
有长长的带刺的毛。

西方苍耳和意大利苍耳的果实成熟后均变为褐色。大家可以试着去野外找这些果实。

鼠曲草和它的近亲

菊科

●本篇介绍的均为菊科植物。

鼠曲草的花由多个头状花序聚集而成。其头状花序由管状花聚集而成，能够吸引小虫子吸食花蜜。授粉结束后，它的花序会变成果序，茸毛（冠毛）随风飘散。

因为歌曲而闻名的雪绒花是鼠曲草的近亲。

头状花序。由管状花聚集而成。

头状花序的侧面

管状花

最后会变成果序的花

冬天，叶片呈现出莲座状。叶片上的白毛具有防寒作用。

干燥质感的总苞片

舌状花

管状花

果序

果序

鼠曲草
叶片覆盖着柔软的毛，看上去发白。● 一 ~ 二年生草本
● 15 ~ 40cm ● 3 ~ 6月 ● 3mm ● 1mm（果实长度）● 路边及田地

珠光香青
在山野盛开。植株有干燥质感。
● 多年生草本 ● 30 ~ 60cm ● 8 ~ 9
月 ● 1cm ● 山野草原 ● 干花

粗毛牛膝菊
生长于田间角落。● 一年生草本
● 10 ~ 30cm ● 6 ~ 10月 ● 5mm
● 原产于美洲热带地区 ● 路边

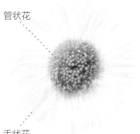

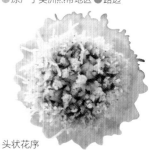

雄花的头状花序

大型一年生草本植物。

只有雄花附着在花序上。

管状花

舌状花

雄花，是风媒花。

花序

雌花

花姿

花蕾朝下。

叶片抱茎。

茎中空。

花蕾朝上。

叶片不抱茎。

茎是实心的。

果序

果序

头状花序

植株高。

果序

三裂叶豚草
生长于田野、路边或河边的湿地。
● 1 ~ 3m ● 8 ~ 9月 ● 4mm ● 原产于北美洲

春飞蓬
一种常见的杂草。● 多年生草本
● 30 ~ 100cm ● 4 ~ 6月 ● 2cm
● 原产于北美洲

一年蓬
大量生长于原野和路边。● 一 ~
二年生草本 ● 30 ~ 150cm ● 6 ~ 10
月 ● 2cm ● 原产于北美洲

苏门白酒草
一种常见的杂草。● 一 ~ 二年生
草本 ● 10 ~ 180cm ● 7 ~ 10月
● 3 ~ 4mm ● 原产于巴西

● 生活型 ● 高度 ● 花期 ● 花径（此页为头状花序的直径）● 果期 ● 果径 ● 原产地及分布 ● 生境 ● 利用价值 ● 毒性

蓟、红花和它们的近亲

●本篇介绍的均为菊科植物。

蓟粉色的管状花紧密聚集在一起，形成非常大的头状花序，雄蕊的顶端一旦被触碰，花粉就会掉落。蓟细小的枝茎上有茸毛。在幼苗期，蓟的叶片会平铺在地面上。

富士蓟。富士蓟的头状花序是蓟类植物里最大的。

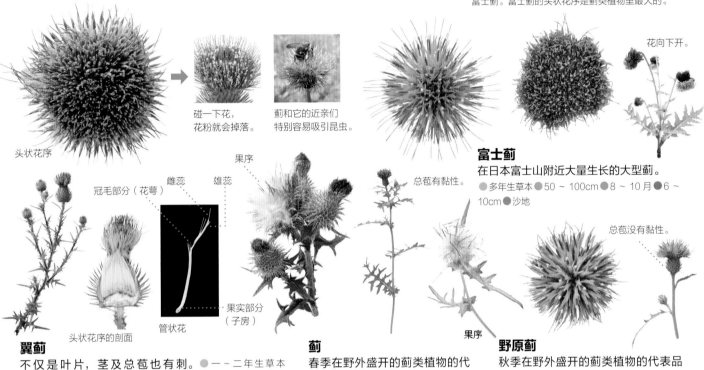

头状花序

碰一下花，花粉就会掉落。

蓟和它的近亲们特别容易吸引昆虫。

花向下开。

富士蓟
在日本富士山附近大量生长的大型蓟。
●多年生草本 ●50～100cm ●8～10月 ●6～10cm ●沙地

果序

冠毛部分（花萼）

雌蕊　雄蕊

果实部分（子房）

头状花序的剖面

管状花

总苞有黏性。

总苞没有黏性。

果序

翼蓟
不仅是叶片，茎及总苞也有刺。●一～二年生草本 ●50～100cm ●7～10月 ●3～4cm ●田间空地及路边

蓟
春季在野外盛开的蓟类植物的代表品种。●多年生草本 ●50～100cm ●5～8月 ●3～5cm

野原蓟
秋季在野外盛开的蓟类植物的代表品种。●多年生草本 ●50～100cm ●8～10月 ●3～4cm

无刺

植株高。

泥胡菜
茎柔软。花可用来做装饰物（→P74）。●一～二年生草本 ●5～6月 ●2～2.5cm ●光照充足的野外

干燥的花瓣

管状花聚集成头状花序

头状花序的剖面

果序

长着长节毛的茎

花瓣含有黄色和红色色素，可用于印染。

果实不长冠毛。

果实

管状花

丝毛飞廉
茎上长着长节毛。●二～多年生草本 ●1m ●5～7月 ●2～2.5cm ●原产于欧亚大陆 ●路边

红花
可以用作染料，可栽植。●一年生草本 ●1m ●7月 ●2.5～4cm ●原产于埃及 ●染料及食用油

硬叶蓝刺头
观赏花，可栽培。●多年生草本 ●70cm ●7～8月 ●3～4cm ●原产于欧洲

牛蒡也是蓟的近亲

超市中常见的牛蒡也是蓟的近亲。粗壮的根部可食用。

牛蒡的根　　牛蒡的花

英国苏格兰地区的代表花是蓟花。因为蓟有刺，在以前被用作预防敌人入侵的武器。

野绀紫菀、大丽花和它们的近亲

●本篇介绍的均为菊科植物。

野绀紫菀通常生长在光照充足的山坡上的草地中。秋英、大丽花等园艺品种花色丰富，其中也有管状花品种经人工培育成为重瓣的舌状花品种。

秋天，在野外盛开的秋英，别名大波斯菊。

管状花

舌状花

头状花序。中间为管状花，外侧为舌状花。

冠毛
（茸毛）

花凋谢后，仔细观察能够发现冠毛。

果实

野绀紫菀
果实上有冠毛。叶片粗糙。花色为深蓝紫色的野绀紫菀是人工栽植品种。●多年生草本●50～100cm●8～11月●2.5cm●11～12月●1.5mm

三脉紫菀
花是白色的，比野绀紫菀的小。●多年生草本●30～100cm●9～11月●2cm●混交林

日本裸菀
春季开花的野生菊花品种，比较罕见。●多年生草本●20～50cm●5～6月●2～4cm●山林

野春菊
是改良日本裸菀的舌状花而形成的园艺品种，颜色更加鲜艳。

嫩叶可作为蔬菜食用。

黄秋英
原产于墨西哥的园艺植物，外形与秋英相似。

又叫鱼尾菊。

百日菊
花期长，所以被称作"百日菊"。●一年生草本●30～90cm●7～10月●5～10cm●原产于墨西哥

地下可长出块茎

花茎长，花朵颜色丰富。

非洲菊
花枝可用于插花。●多年生草本●30cm●4～6月、10～11月●10cm●原产于南非

重瓣花品种

散发独特气味。

茼蒿
叶片清香，头状花序的中心呈黄色。●一～二年生草本●80cm●3～4cm●原产于地中海沿岸●蔬菜

秋英
原产于墨西哥，现在亚洲有大量种植。●一年或多年生草本●1m●8～11月●6～10cm

大丽花
重瓣花，是颜色非常艳丽的观赏花。●多年生草本●20～200cm●7～10月●原产于墨西哥●切花

万寿菊
庭院观赏花，可用来预防田地里的害虫（线虫）。●一年生草本●5～10月●3～8cm●原产于墨西哥

菊科植物的园艺品种

菊花可以用来观赏（花瓣形态各异），还可以用来制作花环，是人们生活中不可或缺的花卉品种。

菊花展览会，展出花农精心栽培的各种菊花。

大菊 花序直径大于 18cm

花厚实 舌状花呈管状，粗大，密集地聚在一起。

国华金山

国华上京

国华秋舞台

花细长 舌状花呈管状，细长，向外延伸。

泉乡皇女

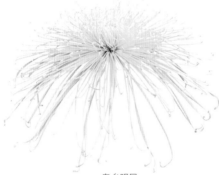
泉乡明星

泉乡寒竹

中菊 花序直径 9~18cm

轮菊
可用作切花。夜晚时间达到一定长度时花芽就会发芽，所以只需将轮菊栽植于温室中，人工调节昼夜光照时长，就能使其一整年开花。

中菊（嵯峨菊）

小菊 花序直径小于 9cm

小菊
（多头菊）
一个枝干上有多个花枝，因此叫作多头菊。小菊也可用来装饰食物。

菊花的价值

菊花有不同的特性，因此具有不同的利用价值。

除虫
除虫菊，菊花的一种。含有杀虫成分，可以用来制作蚊香。

食用
食用菊，菊花的一种。一些品种的菊花改良后可以食用。

菊人偶

身体挂满菊花的人偶。在日本，秋季会举行菊花展览会，同时，各地还会举办菊人偶展。

 日本菊人偶祭典在日本福岛县二本松市、福井县越前市、大阪府枚方市等地举办。

茸毛
（冠毛）

茸球
（果序）

果实长 1.8mm

果实长 3mm

黄鹌菜（→ P19）
果实小，茸球比较松散。

泥胡菜
（→ P23）
茸毛较细且蓬松，并在基部大幅度展开。

"茸毛"大集合

菊科中的一些植物能够长出带茸毛（冠毛）的果实，比如蒲公英。这些果实能够借助像羽毛一样的茸毛，随风飞向远方。观察果实被放大以后的样子，看看各种茸毛有什么不同。

生菜（→ P19）
种子大且重，不能飞太远。

果实长 3mm

果实长 4.5mm

药用蒲公英（→ P18）
茸球实际上是悬挂在长柄上的。外观圆润。

富士蓟（→ P23）
茸球呈浅褐色，果实的颜色偏白，茸毛也有向下生长的。

果实长 4mm

欧洲猫耳菊（→ P18）

茸球呈浅褐色，茸毛的小枝较直。

果实长 4 ~ 5mm

加拿大一枝黄花（→ P17）

果实长 4mm

翼蓟（→ P23）

茸毛数量多，果实是白色的。

日本毛连菜（→ P18）

茸球是浅褐色的。茸毛比较细，和鸟的绒毛很相似。

果实长 3.5 ~ 4.5mm

续断菊（→ P18）

茸毛是白色的，很柔软，密集生长。茸球看起来很白。

果实长 2mm

华泽兰（→ P20）

茸毛粗，基本呈水平展开。

穗的一部分

加拿大一枝黄花（→ P17）

许多茸毛聚集在一起生长，形成一个很大的褐色的穗。

果实长 1.5mm

果实长 1mm

桔梗、半边莲和它们的近亲

桔梗科植物的花有5片花瓣，呈星形开放或钟形下垂。雄蕊产生花粉后，雌蕊顶端就会打开。昆虫钻进花朵里，花粉会沾在它们身上，然后它们再将花粉带给另一朵花。

能够吸引熊蜂的紫斑风铃草

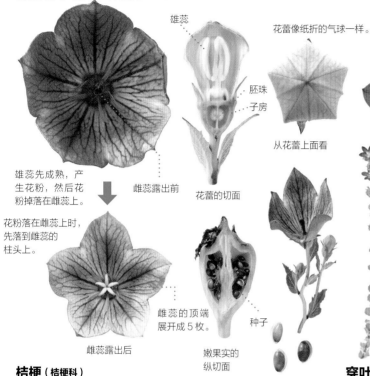

雄蕊

花蕾像纸折的气球一样。

胚珠
子房

从花蕾上面看

雄蕊先成熟，产生花粉，然后花粉掉落在雌蕊上。

雌蕊露出前

花蕾的切面

花粉落在雌蕊上时，先落到雌蕊的柱头上。

雌蕊的柱头分裂成3枚。

内侧有毛，有助于蜜蜂站立。

雌蕊露出后

雌蕊的顶端展开成5枚。

种子

嫩果实的纵切面

种子成熟后，果皮的一部分裂开，种子露出。

果实的剖面

蜜蜂进入花中吸食花蜜，同时将花粉带出。

花的剖面

果实

种子

桔梗（桔梗科）
花形大且美丽，一般种植于庭院用来观赏。野生品种有灭绝的危险。
●多年生草本●50～100cm●7～8月●4～5cm●山野草原●药用及观赏

穿叶异檐花（桔梗科）
花在叶片根部开放。●一～二年生草本●10～60cm●5～7月●1.5cm●原产于北美洲

本岛风铃草（桔梗科）
花下垂，筒状钟形，昆虫会爬进去采蜜。●多年生草本●30～60cm●6～8月●2.5cm（长5cm）

切面

胡蜂聚集在一起吸食花蜜。

花的颜色通常为青紫色。

切面

果实

裂檐花状风铃草（桔梗科）
原产于欧洲，在苗圃中种植。●多年生草本●60～120cm●5～7月●2cm（长4cm）

轮叶沙参（桔梗科）
生长在草地和灌丛中。●多年生草本●40～100cm●8～10月●1cm（长2cm）

羊乳（桔梗科）
藤本植物，粗根可入药或食用。●多年生草本●2～3m●8～10月●4cm

山梗菜（桔梗科）
花的形状便于存储花蜜。●多年生草本●50～100cm●8～9月●3cm●山中湿地●有毒

3种花的类型

短柱花　中柱花　长柱花

雄蕊长，雌蕊短。（异花传粉）

雄蕊和雌蕊的长度相同。（自花传粉）

雄蕊短，雌蕊长。（异花传粉）

半边莲（桔梗科）
沿地面匍匐生长。●多年生草本●10cm●6～10月●1.5cm●田埂●有毒

荇菜（睡菜科）
花有3种类型。可以通过自花传粉繁衍后代，也可以通过不同植株间的传粉（异花传粉）繁衍后代。●多年生水生草本●6～8月●3～4cm●池塘及沼泽

开在水边的荇菜花。花为一日花，清晨开放，夜晚凋谢。

●生活型 ●高度 ●花期 ●花径 ●果期 ●果径 ●原产地及分布 ●生境 ●利用价值 ●毒性

全缘冬青、青荚叶和它们的近亲

冬青科植物的花都由小花聚集而成，果实是红色的，数量较多，多作为庭院树种植。大部分植物的雌花和雄花分别长在2棵植株上（雌雄异株），雌株结果。青荚叶的花和果实生长在叶片上。

齿叶冬青绿篱

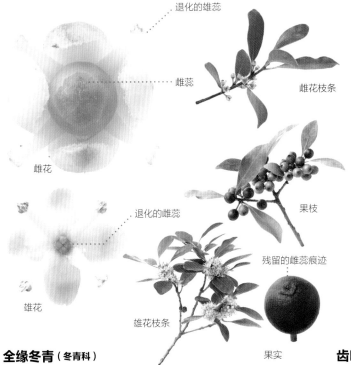

退化的雄蕊

雌蕊

雌花枝条

果枝

雌花

退化的雄蕊

雄花

残留的雌蕊痕迹

雄花枝条

果实

全缘冬青（冬青科）

有雄株和雌株。树皮含有黏性成分，以前用来捕捉鸟类或昆虫。

● 常绿树 ● 6～10m ● 4月 ● 5mm ● 11～12月 ● 1cm ● 庭院树、公园树

退化的雄蕊

雌花

果枝

果实

雌花枝条

齿叶冬青（冬青科）

有雄株和雌株。枝多，小叶排列紧密。常作为绿篱栽种。● 常绿树

● 2～6m ● 6～7月 ● 5mm ● 10～11月 ● 5～6mm ● 庭院树、墙树

退化的雄蕊

雌蕊

雌花枝条

雌花

果实

雄花枝条

叶厚，背面泛白。

雄花

退化的雄蕊

可用竹签在叶片背面写字。

大叶冬青（冬青科）

有雄株和雌株。可以用竹签在叶片背面写字，字迹呈褐色。用树叶写的书信叫作"叶书"。在日本，大叶冬青也被叫作"邮递树"。

● 常绿树 ● 7～10m ● 5～6月 ● 8～10mm ● 11月 ● 8mm

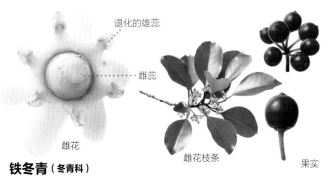

退化的雄蕊

雌蕊

雌花

雌花枝条

果实

铁冬青（冬青科）

有雄株和雌株。果实多，看起来非常茂盛。● 常绿树 ● 5～20m

● 6月 ● 5mm ● 10月～次年1月 ● 6mm ● 庭院树、行道树

果实味甜，可食用。

雌花

雄花　雄花枝条

青荚叶（青荚叶科）

有雄株和雌株。花和果实生长在叶片上，叶子看上去很像小船。

● 落叶树 ● 3m ● 5～6月 ● 4mm ● 8～10月 ● 1cm

将全缘冬青的树皮剥下，在水中浸泡一段时间，充分敲打后可提取出黏性物质，用这种物质可捕捉鸟类或昆虫。

毛泡桐、马鞭草和它们的近亲

毛泡桐和凌霄的花冠都较长，里面长着雄蕊和雌蕊。昆虫进入花内，头部和背部就会沾上花粉。马鞭草、细叶美女樱的花冠细长，呈吸管状，口器长的蝴蝶才能吸食到它们的花蜜。

直立开放的毛泡桐花

木蜂常来采蜜。

花呈圆锥形。

雄蕊

雌蕊

雄蕊和雌蕊的位置靠上，这样，只要昆虫钻进花朵里，背上就沾上花粉了。

种子有翅，可随风飞到远方。

结果期，果实数量多，将枝条重重地压下来。

成熟后裂开的果实

毛泡桐（泡桐科）
花大，管状，长在粗枝的顶端。木材可用来制作柜子。种植数量多。
●落叶树 ●8～15m ●5～6月 ●5～6cm ●3～4cm（种子为3～4mm）
●原产于中国 ●庭院树、柜子

成为家族徽章的毛泡桐花

毛泡桐花是吉祥的象征，曾经是丰臣秀吉（日本战国时代政治家）家族的徽章。毛泡桐花朝上开，代表着繁荣昌盛，所以人们会送毛泡桐花来表示祝贺。

豆荚状的成熟果实

种子的毛平直，起着和翅膀一样的作用。

柱头一旦被触碰，它会闭合起来。

种子中空，形状像滑翔机。

种子

豆荚状的果实。成熟之后，果实裂开，种子掉落。

苞片

果实

苞片

鲜艳的苞片上长出外形像虾一样的花。

作为盆栽栽植。

梓树（紫葳科）
药用植物。生长于河滩，已野生化。●落叶树 ●5～12m ●6～7月 ●3cm ●30cm ●原产于中国

凌霄（紫葳科）
盛夏时开出橙色的花。●攀缘落叶藤本 ●7～8月 ●6cm ●原产于中国 ●庭院植物

爵床（爵床科）
花生叶腋。生长于路边的草地。●一年生草本 ●10～40cm ●8～10月 ●8mm

虾衣花（爵床科）
外形与虾相似，由此得名。●常绿树 ●50～70cm ●9mm ●原产于墨西哥

●生活型 ●高度 ●花期 ●花径 ●果期 ●果径 ●原产地及分布 ●生境 ●利用价值 ●毒性

花苞 ……

花苞有刺。

花瓣 ……

在路边盛开的狭叶马鞭草。原产于南美洲。

果实

残存的花苞

叶片是唐代纹样中的一种元素。

花序

植株匍匐或直立生长，有的高达 1m。

细长

花序

花序

狭叶马鞭草
花序不是伞状。

蛤蟆花（爵床科）
希腊的国花。观赏植物。●多年生常绿草本●90 ~ 150cm●8 ~ 9 月●3cm●原产于地中海沿岸

马鞭草（马鞭草科）
生长于路边及山野。整棵植株都作为药草使用。●多年生草本●30 ~ 80cm●6 ~ 9 月●4mm●药用

细叶美女樱（马鞭草科）
观赏植物。●多年生草本●5 ~ 10 月●1 ~ 2.5cm●原产于南美洲

柳叶马鞭草（马鞭草科）
花序伞状。●多年生草本●1.5m●7 ~ 9 月●4 ~ 5mm●原产于南美洲

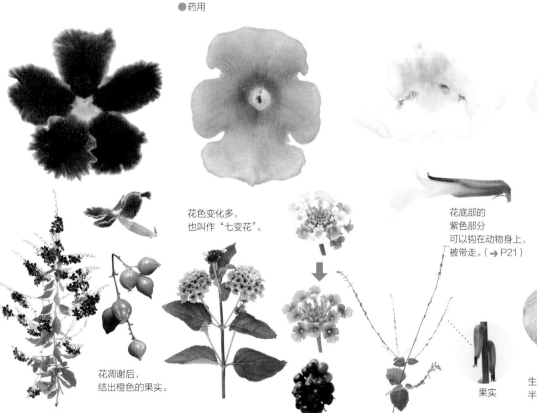

花色变化多，也叫作"七变花"。

花底部的紫色部分可以钩在动物身上，被带走。（→ P21）

花小。

生长在路边及田地。

通泉草（玄参科）
外形与匍茎通泉草相似，花茎直立。●一年生草本●3 ~ 10cm●4 ~ 11 月●1cm

花凋谢后，结出橙色的果实。

果实

果实

生长在田边等半湿润环境。

果实

假连翘（马鞭草科）
观赏树，温室中可全年种植。●常绿树●2 ~ 6m●1.5cm●7mm●原产于美洲热带地区

马缨丹（马鞭草科）
观赏树，半野生化。●半落叶树●1m●5 ~ 11 月●6mm●原产于美洲热带地区

透骨草（透骨草科）
生长于树林中，根中的汁液可制作粘蝇纸。●多年生草本●30 ~ 70cm●7 ~ 8 月●5 ~ 6mm

匍茎通泉草（通泉草科）
直立茎倾斜上升，匍匐茎贴近地面生长。●多年生草本●1 ~ 5cm●4 ~ 5 月●1.5 ~ 2cm

马缨丹是世界自然保护联盟（IUCN）公布的"全球 100 种最具威胁的外来入侵物种"的一种，给热带地区的国家造成了严重威胁。

爵床科·马鞭草科 等

紫苏和它的近亲

●本篇介绍的均为唇形科植物。

唇形科植物的花瓣上下分开，形似嘴唇。叶对生，撕碎后散发出香气。它们的茎的切面为四边形，花的颜色多为白色和紫色，蜜蜂可钻入花中采蜜。

春天，在混交林中盛开的紫背金盘。

种子

果实

红紫苏可用于腌制梅干。

紫苏
一种蔬菜，有香味，在田地中栽培。
●一年生草本 ●20～70cm ●7～8月
●4mm ●原产于中国 ●药用

唇形科植物茎的切面大多呈四边形，如右图。但是金疮小草的茎切面的棱角比较圆润。

沿地面匍匐生长。

金疮小草
多见于野外、公园的路边等。
●一～多年生草本 ●3～5月 ●1cm

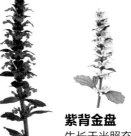

紫背金盘
生长于光照充足的树林中，开白花。

匍匐筋骨草
园艺植物，呈地毯状铺开生长。
●多年生草本 ●10～20cm ●4～5月 ●9mm ●原产于欧洲

大花夏枯草
原产于欧洲的园艺植物。

夏枯草
圆柱形的穗状体上开出花朵。
●多年生草本 ●10～30cm ●6～8月 ●7mm ●山中草地 ●药用

花有白色的和粉色的。

外形像佛禅坐的样子。

宝盖草
生长于田地及路边的杂草，花有一部分是花苞状闭锁花。●一～二年生草本 ●10～30cm ●3～6月 ●3mm

蜜蜂站立在花瓣上吸食花蜜。

野芝麻
丛生于深山的草丛及路边。
●多年生草本 ●30～50cm ●4～6月 ●1cm ●野菜（嫩叶）

叶片微微发红。

大苞野芝麻
一种杂草。●二年生草本 ●10～25cm ●3～5月 ●3mm ●原产于欧洲

枯茎会冻结成霜柱。

日本香简草（霜柱）
初冬的时候，茎部冻结，形成霜柱。●多年生草本 ●40～70cm ●9～10月 ●4mm ●山林

英语名字的意思是小羊的耳朵。叶片摸起来毛茸茸的，像动物的耳朵。

绵毛水苏
常见于花圃及庭院，株体上的白毛格外显眼。●多年生草本 ●30～80cm ●5～7月 ●7mm ●原产于亚洲西部

青蛙的卵？

罗勒的种子（市场上出售的罗勒种子）在水中浸泡后会膨胀，外围呈胶状，看起来非常像青蛙的卵。东南亚地区的人们用它来调制饮料。

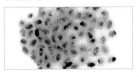

罗勒（九层塔）
意大利料理中不可或缺的香草。
●一年生草本 ●50cm ●8月 ●7mm
●原产于亚洲热带地区 ●香草

辣薄荷
含有薄荷醇成分，放在嘴里有清凉感。●多年生草本
●2mm ●原产于欧洲 ●香草

日本活血丹
花的后面延伸出细长藤蔓。
●多年生草本 ●4～5月 ●9mm

韩信草
花的边缘像波浪一样。●多年生草本 ●20～40cm ●5～6月
●9mm ●光照充足的山野

黄芩
根为黄色，是一种中药。
●一～多年生草本 ●40～60cm
●7～10月 ●1cm ●原产于中国

益母草
生长于路边、荒地，植株较高。
●一～二年生草本 ●50～150cm
●7～9月 ●3mm

美国薄荷
又叫马薄荷，是园艺品种。
●60～150cm ●7～10月 ●原产于北美洲 ●香草

有的花朵同时有红白两种颜色。

一串红
在原产地，有一种蜂鸟吸食其花蜜。●60～100cm ●6～11月
●9mm ●原产于巴西 ●花圃

深蓝鼠尾草
又叫洋苏叶。●多年生草本 ●1m ●4～11月 ●4cm ●花圃

药用鼠尾草
古希腊时期，人们将其作为一种药物食用。●多年生草本 ●60cm
●5～6月 ●原产于南欧 ●香草

樱桃鼠尾草
红色的花非常漂亮，叶子散发出香气。●多年生草本 ●1m
●7～11月 ●1.5cm ●原产于北美洲 ●百花香

荨麻叶龙头草
生长于光照条件良好的山林中，花较大。●多年生草本 ●20～30cm
●4～5月 ●1.5cm ●山林

假龙头花
栽植于花圃，多用作切花。
●多年生草本 ●1m ●7～9月
●2cm ●原产于北美洲

普通百里香
味道清香并有苦味。●多年生草本 ●15cm ●4～10月 ●3.5mm
●原产于南欧 ●香草

迷迭香
香味浓烈的香草。●常绿树 ●60～90cm ●2～10月 ●4mm ●原产于地中海沿岸 ●香草

薄荷也是唇形科植物，多年生草本植物，内含薄荷醇，可入药、烹饪等。

薰衣草和它的近亲

●本篇介绍的均为唇形科植物。

唇形科植物的花序较长，多数散发香味，可用作香料。海州常山等植物有细长吸管状的花，可吸引凤蝶及蛾类飞来吸食花蜜，花粉就会沾在这些昆虫的身上传播开来。

日本北海道广泛栽种的薰衣草。

10～20朵小花聚集在一起。

花序

白棠子树枝条的左右两侧都结满了果实，并重重地垂下来。

果实的颜色是漂亮的紫色。

白棠子树
开浅紫色的花。●落叶树●1m●6～8月●3mm●9～12月●3mm●庭院树、公园树

日本紫珠
枝条没有垂下来，显得很稀疏。

牡荆
中间的花瓣向外延伸。

穗花牡荆
初期就会开出许多花，可用作盆栽。●落叶树●2～3m●7～9月●1cm

散发清香的味道。

果实用来制作百花香。

单叶蔓荆
植株密布细毛，防水。●落叶树●50cm～3m●7～9月●1.2cm●海岸

花散发清香的味道。

红色的花萼和蓝色的果实，能够引起鸟儿的注意。

海州常山
撕开叶片有异味。●落叶树●3～5m●8～9月●2.5～3cm●光照充足的深山

臭牡丹
具有观赏价值。●落叶树●1m●7～8月●1.3cm●原产于中国

将花蕾干燥之后，可以制作百花香或香水。

薰衣草
味道清香，是一种香草，具有很高的观赏价值和商业价值。●50cm●7月●6mm●原产于地中海沿岸

花序的顶端开着长花瓣。

法国薰衣草
具有观赏价值。●多年生常绿草本●30～60cm●5～8月●3mm●原产于地中海沿岸、西亚

芝麻、毛蕊花和它们的近亲

芝麻科、玄参科、母草科植物的花都比较长。芝麻、蝴蝶草等植物的管状花是隆起的，只有体形圆润的熊蜂才能够吸食到花蜜。醉鱼草等植物的管状花根部细长，只有口器长的蝴蝶等昆虫能够吸食到花蜜。

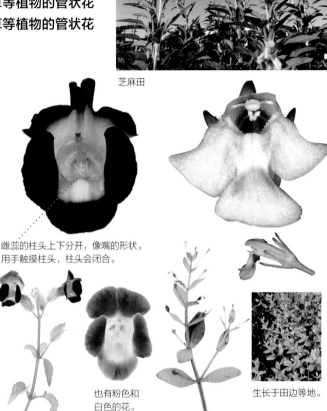

芝麻田

雌蕊的柱头上下分开，像嘴的形状。用手触摸柱头，柱头会闭合。

种子

果实顶端尖锐。种子的颜色因品种而异，有黑色、白色和其他的颜色。

芝麻（芝麻科）
花在早晨开放，一天就凋谢了。●一年生草本 ●1m ●6 ~ 9月 ●2.5cm ●2.5cm 原产于印度或埃及。●日照条件好且湿度高的地区 ●食用（芝麻）、芝麻油

也有粉色和白色的花。

毛叶蝴蝶草（母草科）
花的中间有2组雄蕊。●一年或多年生草本 ●30cm ●5 ~ 10月 ●2cm ●原产于中南半岛

生长于田边等地。

陌上菜（母草科）
唇形科植物的近亲，茎的切面呈四边形。●一年生草本 ●10 ~ 15cm ●8 ~ 10月 ●6mm

也有开白色花和粉色花的品种。

香彩雀（车前科）
又叫天使花，是一种园艺植物。●多年生草本 ●40 ~ 100cm ●6 ~ 10月 ●1.5cm

已经在河滩等地区野生化。

花散发清香的味道。能分泌很多花蜜，容易吸引蝴蝶。

大叶醉鱼草（玄参科）
原产于中国，常作为园艺植物。●落叶树 ●2m ●5 ~ 10月 ●7mm ●原产于中国

花从下往上开放。

成熟的果实　　幼嫩果实的切面

种子在100年后也能发芽。

即使是嫩株的叶片也很大很显眼。

毛蕊花（玄参科）
植株遍布白毛，有天鹅绒般的质感。叶片大，较显眼，是驯化植物。●二年生草本 ●1 ~ 2m ●8 ~ 9月 ●2 ~ 2.5cm ●原产于地中海沿岸 ●河滩及荒地

将海州常山的叶片撕开，会散发出臭味，和芝麻散发出的味道很像。海州常山的花味道清香，能够吸引凤蝶及蛾类。

车前、苦苣苔和它们的近亲

车前借助风力传播花粉，金鱼草借助昆虫传播花粉。这些花的形状不同，看似没有什么关系，但是科学家在提取它们的遗传物质进行研究之后发现，它们具有较近的亲缘关系。

生长于路边的车前

柱头

雄蕊

雌花期　雄蕊伸出。　雄蕊有紫色和白色的。　雄花期

种子湿润后有黏性。

果实的盖子脱落，露出种子。

雌蕊延伸呈顶端。

雌花期　雄花期　雌花期　雄花期

叶片披针形

开出雄花的穗　果实成熟了的穗

开花的穗　果实成熟的穗

花序

车前（车前科）
即使在坚硬的地面上也能生长。种子湿润后产生胶状物质，可以黏附在物体上到达远方。常见于路边。● 二～多年生草本 ● 10～50cm ● 4～9月 ● 3mm ● 5mm ● 路边、操场

长叶车前（车前科）
原产于欧洲。茎长。● 多年生草本 ● 20～70cm ● 4～8月 ● 3mm ● 空地、河堤

北美车前（车前科）
雄蕊短。花不显眼，看起来像花蕾。● 一～二年生草本 ● 20cm ● 5～8月 ● 3mm

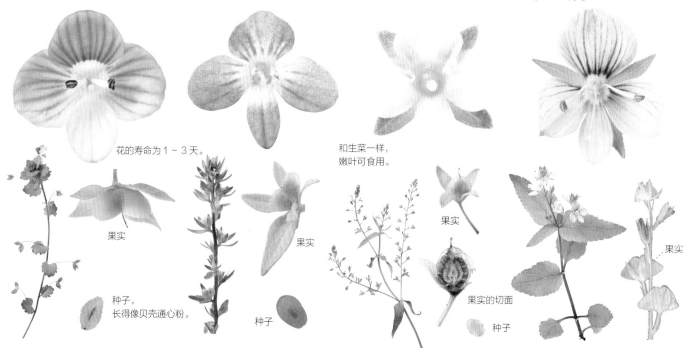

花的寿命为1～3天。

和生菜一样，嫩叶可食用。

果实

种子。长得像贝壳通心粉。

果实

种子

果实

果实的切面

种子

果实

阿拉伯婆婆纳（车前科）
早春开花，茎沿地面匍匐生长。● 二年生草本 ● 2～5月 ● 7～10mm ● 原产于欧洲 ● 路边、田地

直立婆婆纳（车前科）
细茎直立。● 一～二年生草本 ● 10～40cm ● 3～5月 ● 4mm ● 原产于欧洲 ● 路边

水苦荬（车前科）
生长于稻田及河岸的潮湿环境中。● 多年生草本 ● 10～50cm ● 5～6月 ● 3～4mm

日本婆婆纳（车前科）
生长于潮湿的山林中。● 多年生草本 ● 10～20cm ● 5～6月 ● 8～13mm ● 树林

● 生活型 ● 高度 ● 花期 ● 花径 ● 果期 ● 果径 ● 原产地及分布 ● 生境 ● 利用价值 ● 毒性

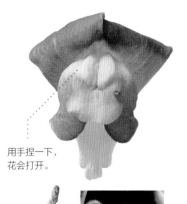

用手捏一下，
花会打开。

熊蜂钻进花里，
沾了一背花粉。

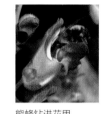

花色丰富。

金鱼草（车前科）
花朵颜色鲜艳，它的样子会
让人想到金鱼。●多年生草本
●20 ～ 100cm ●5 ～ 6 月 ●3cm
●原产于欧洲

花后面的
距较长

果实

种子

摩洛哥柳穿鱼（车前科）
又叫姬金鱼草。●一年生草本
●30cm ●4 ～ 10 月 ●1.5cm ●原
产于地中海沿岸 ●花圃

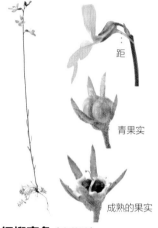

距

青果实

成熟的果实

细柳穿鱼（车前科）
茎很长，花在茎的顶端开放。
●一 ～ 二年生草本 ●20 ～ 60cm
●5 ～ 7 月 ●1cm ●原产于地中海沿
岸 ●路边

距

果实

茎贴近地面。

蔓柳穿鱼（车前科）
与地锦很像，蔓生草本。●多
年生草本 ●5cm ●5 ～ 10 月 ●8mm
●原产于地中海沿岸 ●路边

花瓣的根部是黄色的。

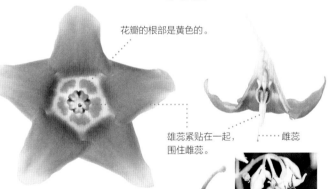

雄蕊紧贴在一起，
围住雌蕊。

雌蕊

果实

熊蜂正在
吸食苦苣苔的花蜜。

生长于岩石背阴处的苦苣苔。
叶片摸起来像薄纸。

青果实

成熟的果实

种子

毛地黄（车前科）
具有观赏及药用价值。●一 ～ 多年生草
本 ●1m ●2cm（长 5cm）●原产于南欧
●药用 ●剧毒

花朝下开。

叶片下垂。

苦苣苔（苦苣苔科）
喜潮湿环境，攀附生长于背阴的岩石（几乎能渗出水滴）
上。同科的近亲还有非洲堇属的园艺植物。●多年生草本
●10cm ●6 ～ 8 月 ●1.5cm ●1cm ●山中潮湿背阴环境

非洲堇
原产于非洲的园艺植物，
苦苣苔的近亲。

长得像拖鞋的花

苦苣苔科的近亲。荷包
花（荷包花科）的学名是
"Calceolaria"，意思是
拖鞋。花的形状很像中国
古代人用的荷包。

苦苣苔生长在岩石上，叶子的形状和烟草叶的很像。天气变冷后，叶片会紧紧卷起，进入休眠状态。

桂花和它的近亲

木樨科

●本篇介绍的均为木樨科植物。

桂花、欧丁香等植物的花会散发怡人的香味，能够吸引食蚜蝇、蜜蜂等。2枚雄蕊着生于4片花冠裂片基部。叶对生。

啄食女贞果实的斑鸫。斑鸫吞下果实后，无法将种子消化，种子随着它们的飞行到达远方，然后随粪便一起被排出，在新的环境里生根发芽。

花为两性花。

花的侧面

日本女贞　　女贞

种子　　　　种子

果实　　果实

果实的柄颜色偏红。

花枝

果枝

花为两性花。

冬季来临，仍有果实挂在枝头。

花为两性花。

女贞
原产于中国。果实比日本女贞的更圆润。

日本女贞
果实是黑色的，细长，看起来就像老鼠屎。多见于工厂、道路、公园等地。●常绿树 ●5m ●6月 ●5～6mm ●10～12月 ●8～10mm

水蜡树
枝叶耐修剪，可作为绿篱种植。●落叶树 ●2～4m ●5～6月 ●3～4mm ●6mm

是一种庭院树，花朵散发出清香的气味，常用来制作桂花茶。

雄花

食蚜蝇在吸食花蜜。

花可用来观赏。

花枝

果实成熟后颜色偏黑。

雄花

雌花

花序

丹桂（桂花）
花散发出浓烈的香味。●常绿树 ●10月 ●8～9mm ●原产于中国 ●庭院树、茶树

异叶柊树
花散发出浓烈的香味。幼叶的边缘有刺。●常绿树 ●4～8m ●11月 ●6mm ●7月 ●1.2～1.5cm ●庭院树

花为两性花。

嫩果实是绿色的，成熟后，颜色变黑。

果实

种子榨出来的油是橄榄油。

结出嫩果实的枝条

木樨榄
果实可以直接食用，也可以用来榨油。●常绿树 ●2～7m ●5～7月 ●5mm ●10～11月 ●1.2～3cm ●原产于地中海沿岸

用异叶柊树的树枝驱邪

在古代，每到立春时节，日本人会将异叶柊树的枝条插进沙丁鱼的头里，然后把它放在玄关附近。因为异叶柊树的叶片上有刺，能刺伤眼睛，所以日本人认为这样做可以驱邪。

　●生活型 ●高度 ●花期 ●花径 ●果期 ●果径 ●原产地及分布 ●生境 ●利用价值 ●毒性

两性花。
着生在雌雄同株或雄株植株上。

花瓣通常为 4 片。

花和日本小叶梣的很像。

果实成熟后颜色和蓝莓的一样。

花枝

两性花　　雄花

开满花的流苏树，树木高大，最高可达 30m。

流苏树

多见于公园及路边。 ●落叶树 ●30m ●5 月 ●3cm ●1cm

非常受欢迎的庭院树。

两性花

着生在雌雄同株和雄株的植株上。

花枝　　果序

种子……

细长的翅……

果实

尖萼梣的花。尖萼梣是日本小叶梣的近亲，花瓣已退化，它借助风力传播花粉，所以花是风媒花。

两性花

着生在雌雄同株和雄株的植株上。

花序

果序

种子……

细长的翅

光蜡树

树枝顶端挂着许多果实，这些果实都有细长的翅。喜温暖气候。
●常绿、半常绿树 ●10～18m ●5～7 月 ●3～3.5mm ●2.5cm ●行道树、公园树

日本小叶梣

花瓣细长，雄蕊比较显眼。被培育成大型树后，可用来制作棒球棍。将树枝浸入水中，水的颜色会变成蓝色。 ●落叶树
●5～15m ●5～6 月 ●6～7mm ●2～2.8cm ●山地 ●棒球棍

花的纵切面

春天，在公园中经常见到金钟花。

雌花

花序

果实

花的纵切面

栽种于公园的欧丁香

两性花

果实

金钟花

灌木，树干在根部分开。花沿着长长的枝条生长并开放。 ●落叶树 ●2～3m ●4 月 ●3cm ●1.5cm ●原产于中国 ●庭院树、公园树

欧丁香（洋丁香）

常见于气候凉爽的地区。树枝顶端会开出圆锥形的花序，散发出浓烈的香味。 ●落叶树 ●2～4m ●4～5 月 ●2cm ●1.5cm ●原产于欧洲 ●庭院树、公园树

金钟花是一种药材，有清热、解毒的功效。

茄子、辣椒和它们的近亲

●本篇介绍的均为茄科植物。

茄科植物的花有5片花瓣，基部连接在一起。尽管很多茄科植物是生活中常见的蔬菜，如辣椒、马铃薯、番茄等，但有些茄科植物有毒，是不能食用的。烟草也是茄科植物。

我们生活中吃的很多蔬菜都是茄科植物。

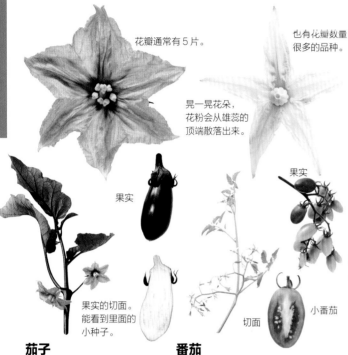

花瓣通常有5片。

果实

果实的切面。能看到里面的小种子。

茄子
果实是一种蔬菜。●一年或多年生草本●60～100cm●夏至秋●3cm●原产于印度●蔬菜

也有花瓣数量很多的品种。

晃一晃花朵，花粉会从雄蕊的顶端散落出来。

果实

切面　小番茄

番茄
果实是一种蔬菜，成熟后颜色变红。●一年或多年生草本●0.5～2m●夏●1～2.5cm●1.5～10cm●原产于南美洲

还没有成熟的果实，果皮上有条纹。

整棵植株上都有刺。

果实成熟以后颜色变黄。

北美刺茄
结种数量多。●多年生草本●30～50cm●6～10月●2～3cm●原产于北美洲●路边、田地●有毒

果实

切开的果实和番茄很像，但是不能食用。

珊瑚樱
果实比花更具观赏性。●50～100cm●5～12月●1.5cm●1.2cm●原产于巴西●有毒

果实没有光泽。

果实

龙葵
路边的杂草，结出的果实是黑色的，非常圆润。●20～60cm●8～10月●6～7mm●7～10mm●有毒

果实有光泽。

果实

果实的切面

美东龙葵
和龙葵很像，但茎更细。●20～50cm●7～9月●5mm●原产于北美洲●有毒

花瓣向外翻。

果实

鸟可以食用，但人吃了会中毒。

白英
整棵植株布满软毛，枝叶缠绕生长。●多年生草质藤本●1.5～4m●8～9月●1cm●有毒

叶和芽有毒。

能结出和番茄相似的果实。

地下茎可食用。

马铃薯
又叫土豆或阳芋。栽植广泛。●多年生草本●60～100cm●6月●2～3cm●原产于南美洲●有毒（叶、芽）

●生活型 ●高度 ●花期 ●花径 ●果期 ●果径 ●原产地及分布 ●生境 ●利用价值 ●毒性

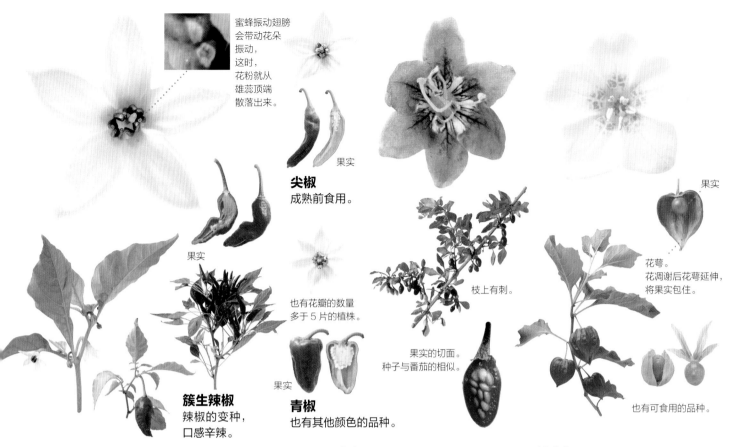

蜜蜂振动翅膀会带动花朵振动，这时，花粉就从雄蕊顶端散落出来。

尖椒
成熟前食用。

果实

也有花瓣的数量多于5片的植株。

枝上有刺。

果实

花萼
花凋谢后花萼延伸，将果实包住。

果实

簇生辣椒
辣椒的变种，口感辛辣。

青椒
也有其他颜色的品种。

果实的切面。种子与番茄的相似。

也有可食用的品种。

辣椒
种类多，果实的形状及大小各异。尖椒、簇生辣椒都是辣椒的变种。●一年生或多年生草本 ●60cm ●夏 ●1.5～2cm ●2～10cm ●原产于中美洲、南美洲 ●蔬菜

枸杞
干果是著名的养生食材，在路边也有种植。●落叶树 ●50～100cm ●7～11月 ●1cm ●1.5cm ●药用、野菜、食用

挂金灯
夏季结出果实，通常作为观赏植物售卖。●多年生草本 ●60～90cm ●6～7月 ●1.5cm ●1～1.5cm ●原产于亚洲

叶片柔软，没有茸毛。

花朵和牵牛花的相似。

花向上直立开放。

果实

果实

花长20～30cm，下垂。

花形与喇叭相似。

颜色丰富。

花萼

整株植物都有黏性。

果实成熟后裂开，露出种子。

东莨菪
容易被误认为是野菜的有毒植物，不可食用。●多年生草本 ●30～60cm ●4～5月 ●2cm ●1cm ●潮湿的树林 ●剧毒

矮牵牛
耐寒，可以在花坛里面种植。●一年或多年生草本 ●4～10月 ●5～8cm ●原产于南美洲各国及墨西哥

毛曼陀罗
花散发香味。●一～多年生草本 ●60～150cm ●10cm ●5cm ●原产于美洲 ●药用 ●剧毒

木曼陀罗
白色花和橙色花的品种是园艺品种。●半常绿树 ●2～3m ●5～11月 ●原产于美洲热带地区 ●剧毒

曼陀罗和它的近亲们都有剧毒，过去利用这种毒性给病人麻醉，进行手术。

牵牛、柔毛打碗花和它们的近亲

●本篇介绍的均为旋花科植物。

旋花科植物多数为藤本状，整个夏季都开花。花形像漏斗，基本上只开一天就会闭合。很久以前，这类植物就作为园艺品种培育了。

已经在各地野生化的圆叶牵牛

果实裂开，种子露出来。

4～6月播种。

花蕾扭转着包裹在一起。

果实向下垂得很低。

瘤梗番薯
开白色和淡紫色的花。

牵牛

通常作为园艺植物栽植。清晨开花，夜晚闭合。在古代作为药材使用。●一年生缠绕草本●8～9月●10～15cm●1cm●观赏

圆叶牵牛

花与牵牛花相似，但叶片更圆润。
●一年生缠绕草本●8～9月●5～7cm
●原产于美洲热带地区

三裂叶薯

花小，中心的颜色深。●一年生缠绕草本●7～9月●1.5cm
●原产于南美洲●野外

原产于美洲的热带地区，已野生化。

橙红茑萝

叶片圆润。●一年生缠绕草本●8～10月●2cm

茑萝
花呈星形。

叶片细长。

肾叶打碗花

生长于海岸的沙地上，叶片厚。

叶片底部有凹口。

叶片与枫叶相似，有裂口。

柔毛打碗花

花是粉色的，会开一整天。
●多年生缠绕草本●7～8月
●5cm●日照充足的野外

打碗花

花比柔毛打碗花的小。●一年或多年生缠绕草本●6～8月●3～4cm
●野外、路边的草地

枫叶茑萝

由茑萝和橙红茑萝杂交而来的园艺品种。●一年生缠绕草本
●7～10月●3cm

试一试！ 这是哪种植物的花？

这是番薯（红薯）的花。番薯和牵牛是近亲，都是旋花科植物，所以它们的花相似。

●生活型 ●高度 ●花期 ●花径 ●果期 ●果径 ●原产地及分布 ●生境 ●利用价值 ●毒性

用牵牛花做有趣的实验吧

牵牛花和它的近亲们一般生长在空地上，夏秋季节比较常见。用它们的花来做有趣的实验吧！

相同颜色的牵牛花制作出 3 种不同颜色的液体。

制作 3 种颜色的液体

1 收集牵牛花（图中为圆叶牵牛的花）。

2 将牵牛花和水一起放入塑料袋中，扎紧塑料袋的口。

3 充分揉捏花朵，直到水的颜色发生变化。

4 完成。

5 在塑料袋的边角剪开一个小口，将液体分别倒入 3 个玻璃杯中。

6 在第一个玻璃杯中加入小苏打，第二个玻璃杯中加入醋。

没加任何物质的液体

加入醋的液体

加入小苏打的液体

7 将分别加了小苏打和醋的液体搅拌均匀，使其变色。将上面 2 种液体和什么也没有加的液体放在一起，观察颜色的变化。

制作标本

1 准备牵牛花和素描本，素描本的纸张要厚一些。

2 将牵牛花整齐地摆放在纸上。用手按压，尽可能使叶片和花朵平铺在纸上。

3 合上素描本，用重物压在上面，这期间不要将牵牛花取出，也不要碰素描本。一天后，花变干，标本就制作完成了。

除了牵牛花，也可以用其他的花朵制作标本，动手试试吧。

牵牛花的园艺品种

在日本，牵牛花作为园艺植物栽植已经有很长的历史了，最早可追溯至江户时代（1603—1867）。当时，人们将牵牛花的花瓣形状进行了改变，这些变种牵牛花（变化朝颜）受到了极大的欢迎。到了明治时代（1868—1912），随着花瓣改良技术的进步，更加华丽鲜艳的大花瓣牵牛花（大轮朝颜）开始出现。

黄堺涡柳叶
紫抚子采咲牡丹

变化朝颜 日本江户时代开始不断改良的变种牵牛花。牵牛花的栽培需要人们悉心照料，耐心等待。

变化朝颜的命名方式 先描述叶的特点，再描述花的特点。*

形似鸡脚的叶片 + 形似令旗的花 = 叶 花
黄鸡足柳叶 红采咲牡丹

黄缩缅叶鸠羽色台咲牡丹

黄握爪龙叶红覆轮
管弁狮子咲牡丹

青乱菊叶吹诘紫乱菊多曜咲

青掬水爪龙叶青风铃
髭狮子咲牡丹

黄丝柳叶红采咲牡丹

* 变化朝颜大多无中文名称，故此处标注的是日语直译名称。

大轮朝颜 比较几种大花瓣牵牛花的花瓣，直径最大可达 20cm。

青屈叶紫覆轮石叠咲

团十郎

红乙女

变化朝颜是怎么培育出来的？

变化朝颜是在江户时代培育出来的。让人感到意外的是，变化朝颜的培育方式是符合孟德尔定律（1865—1866 年间发表）的。

孟德尔定律

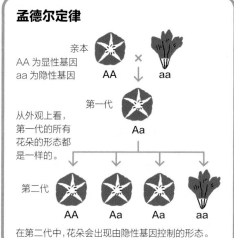

亲本
AA 为显性基因
aa 为隐性基因

AA × aa

第一代

Aa

从外观上看，第一代的所有花朵的形态都是一样的。

第二代

AA　Aa　Aa　aa

在第二代中，花朵会出现由隐性基因控制的形态。

近年来培育出的带白色条纹的曜白系列朝颜

花的形状及颜色始终是由显性基因和隐性基因控制的，一对基因中有显性基因时，则表现为显性性状，只有隐性基因时，则表现为隐性性状。变化朝颜都是由普通的牵牛花培育而来的。第二代植株发芽后，将表现为隐性性状的芽留下，把其他的芽都除去。用这种方法培育出来的变化朝颜在江户时期开始流行，而这比孟德尔定律的发表早 50 年。

红车绞切咲牡丹

青雨龙叶暗红覆轮管弁狮子咲牡丹

青涡叶小人红丸咲

青柳飞龙叶青乱狮子采咲牡丹

青乱菊叶紫覆轮石叠咲

黄丝柳叶红地桃吹雪采咲牡丹

黄握爪龙叶红覆轮管弁狮子咲牡丹

初霜

伊势之涟

深渊

勿忘草、萝藦和它们的近亲

紫草科植物的花序最初是卷曲的，随着花盛开变得平展。夹竹桃科植物的茎被切开后，会溢出乳汁，这些液体大多是有毒的。萝藦、钝钉头果的花粉是块状的，容易被昆虫带走；种子上有蓬松的细毛，种子借助它们随风飞向远方。

聚合草，以前作为一种健康的蔬菜食用，最近研究表明对肝脏有害。

粉色的园艺品种

传说在古代欧洲，有一对恋人在河边游玩，男子被河水冲走了。当时，他摘下此花扔向女子，大声喊道："不要忘了我！""勿忘草"由此得名。

勿忘草（紫草科）
具有观赏价值，已在水边野生化。
● 20 ～ 50cm ● 5 ～ 7月 ● 8mm
● 原产于欧洲

叶片被搓揉会散发出黄瓜的清香味。

花凋谢后结果。

果实

附地菜（紫草科）
路边及田地中常见的杂草。
● 一 ～ 二年生草本 ● 10 ～ 30cm
● 3 ～ 5月 ● 2.5 ～ 3mm

花序的前端卷裹在一起，这是紫草科植物的特点。

聚合草（紫草科）
也叫爱国草和友谊草，已野生化。● 60 ～ 90cm ● 5 ～ 7月
● 1cm ● 原产于欧洲 ● 有毒

玻璃苣（紫草科）
园艺植物，整株植株覆盖着白毛。
● 一年生草本 ● 30 ～ 80cm ● 5 ～ 7月 ● 2cm ● 原产于地中海沿岸 ● 香草

亚洲络石（夹竹桃科）
花和茉莉的很像，散发香味。
● 常绿木质大藤本 ● 5 ～ 6月 ● 2.5cm
● 墙树、庭院树 ● 有毒

花覆盖着白毛。

果实裂开后露出带毛的种子。

膨胀变大的果实

种子上有蓬松的毛，聚集在一起像棉絮。

图中为重瓣花品种

夹竹桃（夹竹桃科）
常作为庭院树、行道树种植。
● 常绿树 ● 6 ～ 9月 ● 4 ～ 5cm
● 原产于印度 ● 有毒

蔓长春花
蔓性半灌木（亚灌木），沿地面生长。

叶片有光泽。

长春花（夹竹桃科）
具有观赏价值。● 一年或多年生草本 ● 30 ～ 50cm ● 3cm ● 原产于印度 ● 有毒

萝藦（夹竹桃科）
生长于光照充足的野外。切开叶片和茎，有白色乳汁溢出。
● 多年生草质藤本 ● 8 ～ 9月 ● 1cm
● 8 ～ 10cm ● 有毒（乳汁）

钝钉头果（夹竹桃科）
果实有观赏价值。● 常绿灌木
● 1m ● 6 ～ 7月 ● 1.5cm
● 8 ～ 10月 ● 原产于非洲
● 有毒（乳汁）

  ● 生活型 ● 高度 ● 花期 ● 花径 ● 果期 ● 果径 ● 原产地及分布 ● 生境 ● 利用价值 ● 毒性

笔龙胆、栀子和它们的近亲

笔龙胆和它近亲的植物，花多是蓝紫色的，呈钟形。花瓣有 5 片，晴天开花。多数植物的花外形美观，有很多是园艺品种。笔龙胆和栀子的花瓣在花蕾时期就像冰激凌一样呈螺旋状生长。本篇植物，包括青木在内，叶片都会贴着枝条生长。

山野中盛开的野生龙胆的花

栽培品种的花

黄色的是蜜腺。

蜜腺上有蚂蚁。

三花龙胆（龙胆科）

在山中的湿地开花，可栽植做花材。●多年生草本●30 ~ 80cm ●8 ~ 10 月●2.5cm（长 5cm）

果实

会有蛾子来探访。

果实成熟后裂开，种子会被雨滴打落。

种子

日本双蝴蝶（龙胆科）

花与龙胆的很像，果实是紫红色的。●多年生缠绕草本●80cm ●7 ~ 10 月●1cm●11 月●1cm

笔龙胆（龙胆科）

春季，花朵在光照充足的原野上开放。●一 ~ 二年生草本 ●5 ~ 10cm●4 ~ 5 月●2cm ●日照充足的山野

重瓣花品种

花的颜色还有白色、粉色等。

洋桔梗（龙胆科）

又叫草原龙胆和土耳其桔梗。●一 ~ 多年生草本●90cm●4 ~ 7 月●5cm●原产于北美洲

果实

獐牙菜（龙胆科）

生长于山野水边，花有独特的纹路。●一 ~ 二年生草本●50 ~ 80cm●9 ~ 10 月●2cm

重瓣花不结果实。

雌花

又叫鸡屎藤。

将果实压碎，散发臭味。

雄花

有雌株和雄株。

栗耳短脚鹎喜欢吃个头儿大的果实。

煮栗子时，可以用这种果实的黄色汁液来上色。

雀舌栀子（茜草科）

原产于中国，花比栀子略小。

栀子（茜草科）

常种植于庭院，花清香。也有花很大的重瓣花品种。果实冬天成熟，颜色变成朱红色。种子随着鸟儿的粪便传播到各地。●常绿树 ●1 ~ 3m●6 ~ 7 月●5 ~ 10cm●5cm●染料、庭院树

鸡矢藤（茜草科）

植株散发臭味，由此得名。●多年生草质藤本●8 ~ 9 月●1cm ●5mm

青木（丝缨花科）

生长于树林中，可种植于庭院及公园。●常绿树●2m●3 ~ 5 月 ●8mm●1 ~ 3 月●1.5cm●庭院树

在日语中，栀子的发音和"不开口"的发音是相同的，这是因为栀子的果实是不开裂的。即使是这样，栗耳短脚鹎也会啄食果实，吞下果肉。

红花鹿蹄草 和它的近亲

●本篇介绍的均为杜鹃花科植物。

杜鹃花科植物的花有碗形、钟形及漏斗形的（→ P50）。本篇介绍的主要是开碗形及钟形下垂的花的植物，这些植物的根部与菌类共生，部分植物的叶片中不含叶绿素。

球果假沙晶兰不含叶绿素，所以不进行光合作用。

子房

子房膨大，长成果实。

果实中有许多小而轻的种子。

果实的切面。种子在菌类的帮助下发育。

花序　果序　种子放大图

成熟的果实

切面。植物是白色的，不含叶绿素。

日本鹿蹄草
生长于树林中的多年生常绿草本植物，可入药。●多年生草本
●15 ~ 25cm ●6 ~ 7月 ●1.5cm ●6 ~ 7mm ●山林

红花鹿蹄草
与森林中的蘑菇共生的多年生常绿草本植物。●多年生草本
●15 ~ 25cm ●6 ~ 8月 ●1.5cm

球果假沙晶兰
依靠菌类生存的腐生植物。
●多年生草本 ●8 ~ 20cm ●5 ~ 8月 ●1.5cm ●潮湿的林中

果实

到了秋季，叶子变红，结出果实。

灵活强壮的蜜蜂在朝下开放的花中吸食花蜜。

台湾吊钟花
春季，白色的花开放，秋季，树叶的颜色变成漂亮的红色。常种植于庭院。●落叶树 ●1 ~ 3m ●4 ~ 5月 ●6 ~ 7mm

花呈钟形，下垂。

果实向上生长。

马醉木
花向下开，花凋谢后，随着枝条的扭转朝上结出果实。●常绿树
●1.5 ~ 4m ●3 ~ 5月 ●5mm ●5 ~ 6mm ●山林 ●庭院树 ●有毒

红布纹吊钟花
布纹吊钟花的变种，花呈深红色。

布纹吊钟花
花朵呈钟形，下垂，非常美丽，种植于庭院及公园。秋季，树叶的颜色变成红色。●落叶树 ●2 ~ 5m ●5 ~ 6月 ●6mm ●山林

雄蕊如果被触碰，就会弹出花粉。

果实向上结出。

山月桂（美洲月桂）
花蕾的顶部尖尖的。种植于庭院及公园，用于观赏。●常绿树
●1 ~ 5m ●4 ~ 5月 ●2cm ●原产于北美洲 ●有毒

●生长型　●高度　●花期　●花径　●果期　●果径　●原产地及生长地　●生长环境　●利用价值　●毒性

杜鹃花科中能结出浆果的植物

越橘、蓝莓是杜鹃花科的小型木本植物。杜鹃花科植物大多会结出甜美多汁的浆果，果实可制作成果酱或果酒。花呈钟形，下垂，能够吸引熊蜂。

成熟的越橘果实是红色的。越橘广泛分布于北半球的高山和极地地区。

花白色，向下开放。

子房膨大，变成果实。

蜜蜂从花朵的下方吸食花蜜时，雄蕊的花粉就会被抖落，掉在它身上。

花瓣边缘向外翻，利于蜜蜂站立。

花瓣的边缘外翻。

白色的果实在山林中非常显眼。

花

果实成熟后颜色变成黑紫色，表面挂着果霜。

果肉中有许多小种子。

切面

花萼的残留物

花的结构与蓝莓的相同。

果实被捣碎后，散发出冬青油的气味。

蓝莓
阿拉斯加蓝莓的近亲，进行品种改良后的果树。果实酸甜可口，可以用来制作果酱或装饰蛋糕。●落叶树●1～2m●4～5月●6～7mm●6～8月●1～1.5cm●原产于北美洲●庭院、农场●直接食用、果酱

越橘
广泛分布于北半球的寒冷地区。●常绿树●5～10cm●6～7月●6mm●5～7mm●高山●直接食用、果酱

北海道白珠
果实香甜，散发出奇异的香味。●常绿树●20cm●6～7月●6mm●1cm●山岩●果酒

腺毛白珠
红透成熟的果实味道甘甜。●常绿树●10～20cm●5～6月●7mm●8～9月●6mm●深山●直接食用

南烛
生长于温暖地区的常绿树。●常绿树●1～8cm●5～7月●5mm●9～10月●5mm●山中●食用

腺齿越橘
果实小粒，成熟后变黑。●落叶树●1.5～3m●5～6月●4mm●8～10月●7～8mm●山中●直接食用

卵叶欧越橘
果实的味道和蓝莓很像。●落叶树●1～2m●7月●5mm●8～9月●9mm●高山●直接食用

光稠李叶越橘
果实成熟后变成黑色，叶片嚼起来有酸味。●落叶树●6～7月●5mm●7～8月●8mm●山地●直接食用

红果越橘
果实成熟后变红。●落叶树●2m●4～5月●7mm●7～9月●1cm●山地●直接食用

红莓苔子（蔓越莓）
可制作果酱、果汁。●常绿树●20cm●7月●7～9mm●9～10月●1cm●寒冷地区的潮湿草原●食用

笃斯越橘
果实较大，味道酸甜。●落叶树●50cm●6～7月●8mm●8～9月●1cm●直接食用

蔓越莓的英文是cranberry，crane的意思是"鹤"，据说是因为花的样子像鹤的头和嘴。中文因其通过藤蔓移动进行繁殖的特性，将其命名为蔓越莓。

杜鹃花和它的近亲

● 本篇介绍的均为杜鹃花科植物。

花的形状和凤蝶翅膀的形状非常像。

杜鹃花科中有很多花朵艳丽的品种，都是经过杂交培育出来的。该科植物的花有5片花瓣，呈漏斗状展开，能够吸引蝴蝶来吸食花蜜。

皋月杜鹃花吸引凤蝶吸食花蜜，并帮助自己传播花粉。

花瓣中的斑点是为昆虫做的标记。

凤蝶将吸管状的口器伸入看起来很明亮的缝隙中，吸食花蜜。

花瓣背面隐藏着与花蜜相连的管道。

花粉从雄蕊顶端的小孔中相互粘连着散落出来。

花的切面

此部位为子房，之后发育为果实。

锦绣杜鹃
杂交而成的大叶杜鹃花，已广泛种植。●半常绿树●1～3m
●4～5月●5～8cm●庭院树、公园树、花丛

也有很多的栽培品种。

皋月杜鹃
生长于溪流旁的岩壁上，比其他杜鹃花的花期晚1个月。●半常绿树●0.5～1m●5～7月●4～6cm●河岸的岩壁●盆栽、庭院树

利用枝条攀缘岩壁生长的特性，可以用来制作盆栽。

有2轮花瓣的品种

钝叶杜鹃
日本九州地区培育的一种栽培品种，小花在枝头绽放。
●半常绿树●4～5月●花丛

火把杜鹃
山中较常见的朱红色杜鹃。
●半落叶树●1～5m●4～6月
●3～4cm●山野树林●庭院树

莲华踯躅
花呈朱红色，漂亮却有毒。●落叶树●1～2m●5～6月●5～6cm
●山地及高原草地●有毒

岸杜鹃
生长于溪流的岩壁上。●半常绿树●4～5月●4～5cm●河岸的岩壁

钟花杜鹃
叶片厚，花大。●常绿树●1.5～7m●4～6月●5cm●深山的岩壁●庭院树●有毒

菱叶杜鹃
花是紫红色的，比叶片先长出来。●落叶树●1.5～3m●4～5月●3～4cm●山林

五叶杜鹃
花是粉色的，花瓣平展，比叶片先长出来。●落叶树●2～4m
●4～5月●5～6cm●深山的岩壁

白五叶杜鹃
花是白色的，有5片花瓣。
●落叶树●3～6m●4～5月
●3～4cm●深山的岩壁

睫毛云间杜鹃
花在高山上开放，颜色艳丽。●15～30cm●7～8月●3～4cm●日本的东北及北海道●高山的岩壁

●生长型 ●高度 ●花期 ●花径 ●果期 ●果径 ●原产地及生长地 ●生长环境 ●利用价值 ●毒性

野茉莉、葛枣猕猴桃和它们的近亲

野茉莉、葛枣猕猴桃，还有山矾科的一些植物在初夏时开花，花是白色的。猕猴桃科的植物有雌株和雄株，但只有雌株能结果。岩梅科植物多为低矮的高山植物。

散发香味的野茉莉，花期结束后，意味着即将进入初夏。

玉铃花（**安息香科**）
叶片又大又圆。
花序长 8 ~ 17cm。

果实

果实成熟后裂开，
种子掉落。

衔着种子的赤腹山雀

野茉莉（**安息香科**）
常见于山野和公园。赤腹山雀等小鸟喜欢吃它的种子，并把种子埋到地里储藏，到了春天，有些被遗忘的种子就会发芽。●落叶树●3 ~ 5m●5月●2.5cm●10 ~ 11月●1 ~ 1.2cm●庭院树

雌花　　雄花

瘿蝇寄生在果实上产卵，产卵的地方会突起，这种突起的果实具有药用价值。

果实的切面。成熟后颜色变成橙色。

葛枣猕猴桃（**猕猴桃科**）
有雌株和雄株，雌株在秋季结果。猫科动物喜欢葛枣猕猴桃散发出的味道。初夏时节，叶片会变白。●落叶藤本●6 ~ 7月●2 ~ 2.5cm●10月●2 ~ 2.5cm●山野●果酒

雌花　　　雄花　　　果实成熟后仍然是黄绿色的。

狗枣猕猴桃（**猕猴桃科**）
花比葛枣猕猴桃的小，初夏时节，叶片的颜色会变成白色或红色。●落叶藤本●6 ~ 7月●2cm●10月●2cm●山野●直接食用

琉璃白檀（**山矾科**）
初夏开出白色小花，秋季结出深蓝色的果实。●落叶树●1 ~ 3m●5 ~ 6月●7 ~ 8mm●10月●6 ~ 7mm●山中湿地及树林

雌花　　　　　雄花　　　　果实

果实的切面

软枣猕猴桃（**软枣子**）（**猕猴桃科**）
果实可口，看起来像小型美味猕猴桃。●落叶藤本●5 ~ 7月●1 ~ 1.5cm●10 ~ 11月●2 ~ 2.5cm●山野●直接食用、果酱

生长于岩壁及日照充足的高原地区。

岩镜（**岩梅科**）
叶片表面有光泽，像镜面一样，由此得名。●多年生常绿草本●10 ~ 15cm●5 ~ 7月●1.5cm●山中岩壁、高原

花朵芬芳

雌花　　　　　雄花　　　　果实的切面

美味猕猴桃（**猕猴桃科**）
果实是一种水果。原产于中国，传入新西兰后改良培育出了栽培品种。●6 ~ 7月●2cm●8 ~ 9月●8cm●原产于中国●水果

将未成熟的野茉莉果实捣碎后倒入容器中，加水，摇晃均匀，制作成清洗剂（→ P124）。

山茶、柃木、柿和它们的近亲

山茶、厚皮香和它们的近亲都有 5 片花瓣，多枚雄蕊。开红色花的植株吸引鸟类来传粉，开白色花的植株吸引昆虫来传粉。柿有 4 片花瓣，果实可食用。

大部分植物在寒冷的冬季不会开花，但是山茶和它的近亲即使在冬季也能开出很大的花朵。

纵切面

雄蕊是白色的。

花蜜储存在很深的地方，所以昆虫很难吸食得到。

果实

果皮裂成 3 部分。

种子

种子榨干，可提取出山茶花油。其木材可用于制作梳子等。

整朵花落在地面。

山茶（山茶科）
园艺植物，野生的叫作野山茶。●常绿树 ●15m ●1 ~ 4月 ●5 ~ 7cm ●10月 ●4 ~ 5cm ●庭院树

红色花的是栽培品种。白色花的是野生品种。

野生的白花品种

茶梅的花瓣逐片掉落。

茶梅（山茶科）
原产于日本，有许多园艺品种。深秋开花。●常绿树 ●5m ●10 ~ 12月 ●5 ~ 8cm ●9 ~ 10月 ●庭院树、绿篱

小叶山茶
山茶和茶梅的杂交品种。

重瓣花品种

雄蕊黄色，比较短。

切面

果实

叶片柔韧，对折后也不会断裂。

短柄山茶（山茶科）
常见于积雪厚的地区，枝叶下垂着生长。●常绿树 ●1 ~ 2m ●4 ~ 6月 ●7cm ●日本北部的日本海侧岸的多雪地区

吸引鸟类的红色花朵

山茶花和它的近亲们通过鸟类传播花粉。鸟类容易认出红色，因此会被开红色花的植物吸引。冬季至早春，可供鸟类食用的虫子比较少，且其他植物的花较少开放，在这样的季节开出鲜红色的花，对鸟类具有极大的吸引力。

吸食山茶花蜜的栗耳短脚鹎。雄蕊呈束状聚合，鸟儿将嘴探入花朵深处时，头部会沾到花粉。

山茶花的园艺品种

山茶花有很多园艺品种，这些品种的花朵颜色、纹路、花瓣数量等各不相同，最大的花直径可达 18cm。重瓣花的花瓣是由雄蕊变化而成的。

一筋　　红腰蓑　　乙女椿　　秋之山　　雪见车

●生活型 ●高度 ●花期 ●花径 ●果期 ●果径 ●原产地及分布 ●生境 ●利用价值 ●毒性

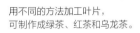

未成熟的果实

圆润坚硬的果实

果枝

花枝

绿茶　红茶

茶田

茶（茶树）（山茶科）

叶片是一种茶叶，植株可种植于庭院。花向下开放。●常绿树
●1～5m●10～11月●2～3cm●11月●原产于中国、印度

用不同的方法加工叶片，
可制作成绿茶、红茶和乌龙茶。

树干。因为光滑的树皮会小片小片脱落，所以树干颜色纷杂。

种子

果实

长柄

树干。光滑的树皮容易脱落，树干表面凹凸，有斑纹。

种子

果实

短柄

花能够吸引熊蜂。

小紫茎（山茶科）

树皮光滑，树干表皮斑驳，可在庭院栽种。●落叶树●15m●5～7
月●1.5～3cm●9～10月●1cm●山林●庭院树

夏紫茎（山茶科）

花比小紫茎的更大更美。树干表面也很美丽，可种植于庭院。
●落叶树●15m●6～7月●5～6cm●9～10月

叶片有光泽。

果枝

果实的切面

种子

花闻上去有煤气的味道。

果实

种子

雄花

有雌株和雄株。

雄株的果实长在枝条的下端，鸟啄食果实后带走种子。

叶片厚，且有光泽。

雌花

果枝

红淡比（五列木科）

花瓣是白色的，有5片。●常绿树●10m●6～7月●1.5cm
●10月●8mm●庭院树

枢木（五列木科）

花瓣白色，有5片。叶片革质，较厚。●常绿树●3～10m●3～
4月●3～5mm●造纸、染料、庭院树

雄花　果实

雌花

叶片厚，有光泽。

雌花枝

种子

未成熟的果实有涩味，柿子汁可制作防腐剂。

果实

种子

雄花

雌花

切面

雌花枝

厚皮香（五列木科）

庭院树，有雌株和雄株。●常绿树●10m●6～7月●1.5cm●10～11
月●建筑材料

柿（柿科）

果实变硬时果肉变甜。●落叶树●10m●5～6月●3.5cm（雌花）、
1cm（雄花）●10～11月

山茶在冬季也能开出很大的花朵，受到人们的喜爱，它还出现在一部著名的小说《茶花女》中。

樱草和它的近亲

●本篇介绍的均为报春花科植物。

樱草和它的近亲大多是草本植物，能开出漂亮的花朵，花瓣外翻，花基部的细管中藏有花蜜，能够吸引蜜蜂。仙客来和朱砂根也是樱草的近亲。

丛生于潮湿草地上的日本报春，有开白色和粉色花的园艺品种。

短柱花　长柱花

雄蕊

雌蕊

雌蕊

雄蕊

左边的花雄蕊长，雌蕊短。右边的花雄蕊短，雌蕊长。两种类型的花能够提高异花传粉成功的概率。

花的内部。就像图片上看到的，有的花的雌蕊和雄蕊是等长的（中柱花）。

种子

果实

图片上的花是樱草的园艺品种，由原产于欧洲的樱草培育而成。仔细观察，会发现同样有上述两种柱头类型的花。

在吸食花蜜的熊蜂

种子

果实　果实的切面

樱草

花的颜色及形状与樱花的相似。多见于河边的草地及光照好的树林中。野生品种逐年减少。●多年生草本●15～40cm●4～5月
●2～3cm●盆栽

日本报春

花在长茎的顶端，呈环状开放。和樱草一样，有两种柱头类型。

●多年生草本●40～80cm●5～6月●3cm●山中潮湿的草地、树林
●庭院种植

有的花呈现淡粉色。

七瓣莲

多见于山中，花朵非常漂亮。

●多年生草本●10cm●6～7月
●1.5～2cm●高山上潮湿的草原、树林

花的内部

有球茎

果实

吸食花蜜的蛛蜂

果实。突出的部分是雌蕊的残留物。

仙客来

在一些国家，人们在特定的节日售卖仙客来的盆栽。●多年生草本●12月～次年4月●3～10cm●原产于西南亚

朱砂根

果实是红色的，吸引鸟类食用。

●常绿树●30～100cm●7月●9mm●树林●庭院种植

矮桃

花序长长的，好像老虎的尾巴。

●多年生草本●1m●6～8月●1cm
●山中草地、树林边缘

小茄

很小的草，果实像茄子。●多年生草本●10cm●5～6月●1cm
●路边、庭院

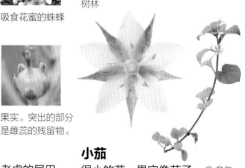

　●生活型　●高度　●花期　●花径　●果期　●果径　●原产地及分布　●生境　●利用价值　●毒性

凤仙花和它的近亲

凤仙花的距向内弯曲，里面存储着花蜜。花中的雄蕊会遮住雌蕊，所以刚开始开花的时候看不见雌蕊，过段时间后雄蕊掉落，雌蕊露出。

秋天，野凤仙花在水边开出美丽的花朵。

被雄蕊遮住的雌蕊

昆虫钻进花中，背部会沾满花粉。

距中有花蜜。

花的内部

果实

钻入凤仙花中的熊蜂

从花里出来后，熊蜂的背上沾满花粉。

花瓣

花萼上侧的2片小。

未贴合在一起。

下侧的花萼大，形状像袋子，和花瓣的颜色相同。

距

野凤仙花（凤仙花科）
管状花，下垂。 ●一年生草本 ●50~80cm ●8~10月
● 2~3cm ●1~2cm ●山野沼泽、湿地

水金凤（凤仙花科）
花在叶片背面开放。果实成熟后裂开。●一年生草本 ●50~80cm
●6~9月 ●2~3cm ●山中沼泽、湿地

雄蕊像瓶盖，花粉被运走后掉落，露出雌蕊。

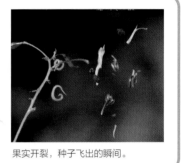

试一试！

会飞的野凤仙花种子

试着用指尖碰一下成熟的果实，种子会飞出来。

野凤仙花的果实

果实开裂，种子飞出的瞬间。

花的内部

距

果实

碰一下果实，种子会飞出来。

凤仙花（凤仙花科）
是很常见的观赏花卉。●一年生草本 ●60cm ●7~9月 ●3.5cm ●原产于东南亚

雌蕊成熟期的花朵

雄蕊筒掉落后的雌花

盖着雄蕊筒的雄花

凤蝶会用吸管状的长口器吸食花蜜。

距

苏丹凤仙花（凤仙花科）
热带植物，在温室中一整年都能开花。●一~多年生草本 ●30~60cm ●5~10月 ●4cm ●原产于非洲热带地区

花的内部

种子

果实

福禄考（花葱科）
具有观赏价值，多种植于庭院。●一年或多年生草本 ●120cm ●6~9月 ●2cm ●原产于北美洲

花的内部

浅紫色的花

丛生福禄考（花葱科）
像野草一样在地上疯长。●多年生草本 ●10cm ●3~4月 ●2~3cm ●原产于北美洲

凤仙花又叫指甲花。将凤仙花的花瓣捣碎，抹在指甲上，用树叶包住，一小段时间后，花朵的颜色就染在了指甲上，所以凤仙花的花瓣是一种天然的指甲油。

绣球、齿叶溲疏和它们的近亲

绣球科

●本篇介绍的均为绣球科植物。

绣球的不孕花簇拥在一起开放，能够吸引天牛等昆虫。昆虫在小且密集的两性花上来回走动吸食花蜜，在此过程中将花粉沾到自己身上，从而帮助植物传播花粉。

路边种植的绣球，花的颜色会根据土壤的性质发生变化。

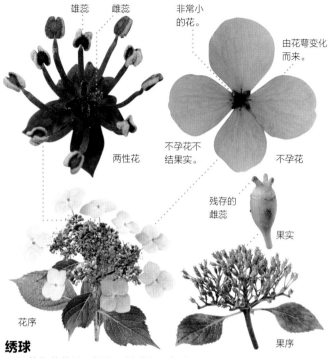

雄蕊　雌蕊

非常小的花。

由花萼变化而来。

两性花

不孕花不结果实。

不孕花

残存的雌蕊

果实

生长在世界各地的绣球花

绣球原产于东亚，于18世纪传入欧洲并进行培育，现已有600多个品种，广泛栽植于世界各地。

各种绣球

花序

果序

绣球
不孕花像花萼片一样将两性花包围起来。●半常绿树、落叶树●2～3m ●6～7月●6mm（两性花）、3cm（不孕花）●11～12月●7mm

绣球科植物枝条上的叶片为对生，即在一个节点处长出2片叶子。

两性花

柴绣球
花均为两性花，无不孕花。●落叶树●0.5～1.5m●6～7月●4mm ●9～10月●2mm●光照充足的树林

又叫水亚木。

不孕花

两性花

圆锥绣球
树液有黏性，可以用来制作纸。●落叶树●2～5m●7～9月●6mm（两性花）、3～4cm（不孕花）●9～11月●光照充足的山野

重瓣花的园艺品种

和槲树的叶片一样，叶片边缘裂开。

花序

栎叶绣球
叶片形状和槲树的相似，花序竖直生长。图片中的是重瓣花的园艺品种。●落叶树●1～2m●5～7月●原产于北美洲

被许多层花苞包裹住的球状花蕾

开花后，小花掉落。

不孕花

两性花

长叶紫绣球
花为两性花，也有不孕花。●落叶树●1～2m●7～9月●5mm（两性花）、2～3cm（不孕花）●山谷、沼泽

花朵洁白，素净美丽。

茎中空。

齿叶溲疏
小枝中空。●落叶树●1～3m●5～7月●1～1.5cm●10～11月 ●深山丛林深处

灯台树、珙桐和它们的近亲

山茱萸科植物的花均是小花，簇拥在一起开放。狗木的花瓣看起来很大，实际是由叶片变化而成的总苞，总苞大且显眼，比小花更容易吸引昆虫。

狗木的花朵也有粉色的。

果实

1朵花

花的侧面

总苞片。
边缘向内凹陷。

头状花序

花蕾期时，总苞片贴合一起，边缘就已经出现凹陷了。

狗木（山茱萸科）
花、果实都很漂亮。 ●落叶树 ●5m ●4 ~ 5 月 ●4mm、10cm（含花苞的直径）●9 ~ 10 月 ●1 ~ 1.5cm ●原产于北美洲 ●行道树

黑色斑点为雌蕊的残留物。

1朵花

小果实聚合在一起。

果肉和杧果的口感很像。

总苞。
顶端尖锐。

头状花序

圆圆的花序很像法师的脑袋，白色的总苞像法师穿的袍子，所以在日本，日本四照花又叫"山法师"。

日本四照花（山茱萸科）
生长于山中，花非常漂亮。 ●落叶树 ●5 ~ 15m ●5 ~ 7 月 ●3mm、6 ~ 10cm（含花苞的直径）●9 ~ 10 月 ●1 ~ 2.5cm ●庭院树

果实

1朵花

果实成熟后，枝条变红。

灯台树（山茱萸科）
生长于山中，白色的花序在枝叶上横向生长。 ●落叶树 ●10 ~ 20m ●5 ~ 6 月 ●13mm ●10 ~ 11 月 ●7mm ●山野 ●棋子、木偶

1朵花

花的侧面

果实下垂。

山茱萸（山茱萸科）
先开花，后长叶。 ●落叶树 ●5 ~ 15 m ●3 ~ 4 月 ●5mm ●10 ~ 11 月 ●1.2 ~ 2cm（长）●原产于中国、朝鲜、韩国 ●公园树

两性花

雄花

头状花序。
由1朵两性花和许多雄花聚集而成，没有花瓣。也有只由雄花组成的头状花序。

总苞。
总苞片为2片，其中1片较大，且下垂。

成熟后的果实不会变红，很坚硬时就会掉落在地上。

珙桐（蓝果树科）
花开后，就像许多白色手帕挂在树枝上。 ●落叶树 ●15 ~ 20m ●5 ~ 6 月 ●2cm（头状花序）●9 ~ 10 月 ●3 ~ 4cm ●原产于中国西南部

高度可达 15 ~ 20m，能在叶片之间看到白色总苞。

山茱萸科植物的果实不可直接食用，但是可以用来制作果酒。

仙人掌和它的近亲

● 本篇介绍的均为仙人掌科植物。

仙人掌科植物是美洲大陆特有的植物，约有 1600 种。为了适应干燥的气候环境，它们演化出了肉质茎。仙人掌科植物的刺由叶片演化而来，保护自己不受食草动物的侵害。在很多地方，人们栽植仙人掌用来观赏。

在仙人掌温室中，能够看到许多种类的仙人掌。

晚上会有蝙蝠来搬运花粉。

昙花
花朵芬芳，晚上 8 点左右开花，约 2 小时后凋谢。● 6 ~ 11 月 ● 15 ~ 20cm ● 原产于墨西哥

花的切面。
花细长，底部和子房相连。

昙花属杂交品种
很像叶片的是肉质的茎，扁平。花能开数日，有白色和黄色的。
● 5 ~ 6 月 ● 10 ~ 25cm ● 原产于中美洲、南美洲

量天尺
（火龙果）
花散发出和昙花一样的香味。果实是一种水果。● 原产于中美洲、南美洲 ● 水果

银翁球
植株上长满了刺，长 2 ~ 3cm，成熟后呈圆柱形。● 2 ~ 4cm
● 原产于智利

回弯强刺球
植株呈圆柱形，有红色的刺，开紫红色或粉色花。● 25cm ● 4cm
● 原产于墨西哥

花

花

蟹爪兰
在原产地能够吸引蜂鸟。● 10 月 ~ 次年 1 月 ● 原产于巴西

绯牡丹（红灯）
球体不含叶绿素，所以呈红色或黄色。通常用嫁接在量天尺上的方式进行繁殖培育。● 盆栽

金琥
直径约 1m 的大仙人掌，不常开花。● 1.3m ● 5cm ● 原产于墨西哥

雪晃
开红色或橙黄色的花。● 3cm
● 原产于巴西

玉翁
球体上覆盖白色的茸毛，看起来像白发苍苍的老人。● 10cm
● 2cm ● 原产于墨西哥

鸾凤玉
茎有棱角，没有刺。● 50cm ● 原产于墨西哥

试一试！

来找找仙人掌的果实吧

仔细观察仙人掌的顶部，花凋谢后，那里可能会有果实。有些果实很调皮，好像钻进了仙人掌里一样。

月世界的果实

一种花座球属植物的果实，呈半透明状，种子可见。

花的直径
6～8cm

美国亚利桑那州的沙漠。远处是巨人柱，近处是仙人掌。

白翅哀鸽与巨人柱是共生关系。

沙漠中的仙人掌

这种大花是巨人柱的花。巨人柱是一种非常高大的仙人掌品种。在北美洲至南美洲大陆西侧绵延的沙漠中，生长着许多仙人掌。

夜里，蝙蝠来吸食花蜜，帮助仙人掌传播花粉。

果实

开花的地方

高的可达15m。

巨人柱（巨柱仙人掌）（仙人掌科）
广泛分布于美洲西部地区。柱状茎顶端开花，花凋落后结出美味的果实，能够吸引沙漠中的生物。●15m ●6～8cm
●6～9cm（长）●原产于美国、墨西哥

仙人掌（仙人掌科）
果实美味，是中南美洲常见的水果。
●3～6m ●6～12cm ●北美洲至南美洲各国

果实摘下后可用勺子挖着吃。

紫茉莉和它的近亲

紫茉莉和它的近亲广泛分布在全世界温暖的地区，以美洲热带地区为主。这些植物中，开红色花的花瓣不含常见的花青素，而含有甜菜素，大多荧光色的鲜艳花朵中都含有这种物质。

光叶子花绿篱

轻轻扯出子房，花朵会变成像降落伞一样的玩具。

花期结束后，子房膨大，长成黑色果实。

掰开后会看见白色的粉末。可以试着掰开看看。

…花苞

…花萼

花细长，蝴蝶会来吸食花蜜。

挤压后流出汁水。

鸟儿可以食用，但是人类食用后会中毒。

果实

紫茉莉（紫茉莉科）
花在下午4点左右开放。看上去像花瓣的其实是花萼，有红色、粉色、白色等颜色。●一 ~ 多年生草本 ●7 ~ 11月 ●3 ~ 4cm ●7mm ●原产于中美洲、南美洲

光叶子花（紫茉莉科）
像花瓣的部分实为花苞，3片一组开花。● 常绿藤状灌木 ●5 ~ 6cm（花苞）● 原产于南美洲

垂序商陆（商陆科）
果实的汁液颜色深。●5mm ●8mm ●原产于北美洲 ●有毒

如果雄蕊被触碰，它们就会立即聚合在一起。

花色丰富。

花马齿苋（马齿苋科）
马齿苋和大花马齿苋杂交而来的园艺品种。●一 ~ 多年生草本 ●5 ~ 9月 ●2.5 ~ 3cm

花萼看起来像花瓣，其实是花萼。

未成熟的果实

果实坚硬，成熟后随着海流漂向远方。

果实成熟后，果皮裂开。下雨时，种子被雨滴打落。

还有黄色的花和一轮花瓣的花等。

马齿苋（马齿苋科）
适宜光照充足的环境，植株肉质，很柔软。●一年生草本 ●7 ~ 9月 ●6 ~ 8mm ●5mm ●食用

大花马齿苋（马齿苋科）
叶片细且肉质，耐干燥。●一年生草本 ●10cm ●7 ~ 9月 ●3 ~ 5cm ●原产于南美洲 ●园艺

松叶菊（番杏科）
花在夜间闭合，叶片肉质，园艺植物。●多年生草本 ●5 ~ 6月 ●5cm ●原产于南非

番杏（番杏科）
生长于海滩，叶片肉质，可食用。●一年或多年生草本 ●1.5cm ●4 ~ 11月 ●6 ~ 8mm ●海岸沙滩 ●食用

●生活型 ●高度 ●花期 ●花径 ●果期 ●果径 ●原产地及分布 ●生境 ●利用价值 ●毒性

鸡冠花和它的近亲

●本篇介绍的均为苋科植物。

鸡冠花和它的近亲原产于亚洲、非洲及美洲的热带地区。仔细观察，鸡冠花的穗状花序上单朵花呈星形；植株中含有甜菜素。它们之中有许多园艺品种及作物品种。我们常吃的菠菜就是鸡冠花的近亲。

凤尾鸡冠花是青葙属植物中花序尖的品种。

花的放大图

培育出的穗状花序变异、增粗的园艺植物。

花萼

花序。许多小花聚集而成。

花萼

1 朵花有 5 枚雄蕊、1 枚雌蕊。

常种植于庭院。

鸡冠花
茎顶端的花序增粗，呈鸡冠状，由此得名。● 一年生草本 ●50cm ●6 ~ 9 月 ●9mm ● 原产于亚洲热带地区 ● 花坛

凤尾鸡冠花
通常种植于花坛，与鸡冠花极为相似。● 一年生草本 ● 20 ~ 30cm ●6 ~ 10 月

久留米鸡冠花
花序非常大，呈球状，看起来像大脑。● 25 ~ 30cm ●15cm（花序的直径）● 原产于印度

苋
园艺植物，不仅花的颜色会发生变化，叶片的颜色也会发生变化。● 一年生草本 ● 1.5m ● 原产于亚洲热带地区

千日红
花序有干花的质感。● 一年生草本 ●50cm ●7 ~ 10 月 ● 原产于巴拿马、危地马拉

花

花萼

小苞片为刺状。（ → P21）

牛膝
山野及路边常见的杂草。● 多年生草本 ●90cm ●1mm（花萼直径为 5mm）●5mm

藜
嫩叶发白。

嫩叶上附着着细小的红色粉末。

杖藜
田边的杂草，茎粗壮。● 一年生草本 ●1.5m ●5 ~ 10 月 ●1.5mm ● 原产于中国 ● 拐杖

毛土荆芥
整株植物都布满了毛。

土荆芥
散发强烈香味。● 一年或多年生草本 ●30 ~ 80cm ●6 ~ 9 月 ●3 ~ 5mm ● 原产于墨西哥 ● 药用

成为谷物
尾穗苋在南美洲等地作为农作物种植。它也是鸡冠花的近亲。

种子直径约有 1.5mm。

尾穗苋（老枪谷）

😊 杖藜和藜的嫩叶上因密布粉末而呈现紫红色或灰白色，这些粉末能用手指蹭掉。

石竹和它的近亲

●本篇介绍的均为石竹科植物。

康乃馨是由野生香石竹培育出的园艺植物，最近在生物科学技术的推动下，紫色、绿色等花色的康乃馨品种也已面世。虽然石竹的花朵很大，繁缕的白色花朵很小，但它们却是近亲。

繁缕是在野外、路边、庭院等地广泛繁殖的杂草。

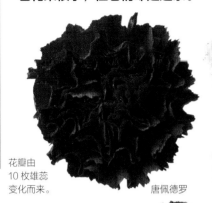

花瓣由10枚雄蕊变化而来。

唐佩德罗

橙色花心　胭脂红边

嘉年华　普拉多薄荷

有10枚雄蕊，这些雄蕊先长出来，等雄蕊全部掉落之后，雌蕊长出。

果实中有细小的种子。

花柱　　雄蕊

里边的花柱一分为二，花瓣由雄蕊变化而来。

奥林匹亚　布达佩斯

在全世界广泛栽培，是母亲节的专属花卉。图中均为重瓣花品种。

有粉色、红色、白色等颜色

香石竹（康乃馨）

雄蕊变化成花瓣的重瓣花品种，可用作切花，花色繁多。●多年生草本●40～50cm●4～6月（人工栽培能开一整年花）●3～8cm●原产地不明（在地中海沿岸有着非常悠久的种植历史）

石竹

种植在花盆或花坛中的园艺植物。●多年生草本●30cm●5～6月●3～5cm●原产于中国

长萼瞿麦

花瓣长4～5cm。●多年生草本●50cm●7～10月●3cm●河滩、草原

种子

被灰白色茸毛覆盖。

吸食花蜜的凤蝶

果实

果实

花瓣的根部呈锯齿状。

种子

褐色的部分有黏性，能粘住昆虫。

果实

白色花

毛剪秋罗

具有观赏价值，整株覆灰白色茸毛。●30～90cm●夏至秋●2.5cm●原产于欧洲南部

黑节剪秋罗

生长于山林及背阴环境里，茎节为黑色。●多年生草本●40～80cm●7～10月●5cm

高雪轮

具有观赏价值，多种植于庭院中。●一～二年生草本●30～60cm●5～7月●1.5cm●原产于欧洲

西欧蝇子草

蝇子草的变种，开白色或粉色的花。●一年生草本●50cm●1cm●原产于欧洲

●生活型 ●高度 ●花期 ●花径 ●果期 ●果径 ●原产地及分布 ●生境 ●利用价值 ●毒性

果实

整株覆盖着细毛。

漆姑草
叶片呈线形。●一～二年生草本
●2～15cm ●3～7月 ●4mm

果实的切面

康乃馨和缕丝花包扎的花束。缕丝花为陪衬，康乃馨为主角。

又叫莫石竹。

狗筋蔓
分枝藤蔓状延伸，花瓣外翻。
●多年生草本 ●6～10月 ●3～4cm
●1cm ●山野

缕丝花
栽培做切花。●一～二年生草本
●30～50cm ●5mm ●原产于高加索地区

种阜草
偶见于山地草原，丛生。●多年生草本 ●10～20cm ●6～8月
●12mm

大爪草
看起来和漆姑草相似，但是植株更大。●一年生草本 ●10～50cm
●6～8月 ●5mm ●原产于欧洲

花瓣5片，裂口深，所以看起来像10片。

花瓣5片。

鸡肠繁缕
小鸟或宠物的食物。●一～二年生草本 ●3～11月 ●5～6cm ●庭院及田边 ●野菜

花瓣5片。

茎紫红色。

繁缕
驯化植物，植株和鸡肠繁缕很像。●一～二年生草本 ●10cm
●3～9月 ●5mm ●原产于欧洲
●小鸟的食物

比簇生泉卷耳的毛多。

整株有黏性。

簇生泉卷耳
花瓣深裂，花萼长。

球序卷耳
驯化植物，一种杂草。●一～二年生草本 ●10～20cm ●4～5月
●7mm ●原产于欧洲

比鸡肠繁缕稍大。

生长于原野及田边的杂草。

鹅肠菜
和鸡肠繁缕很像，但植株更大。
●二年生或多年生草本 ●20～50cm
●4～10月 ●7mm

花瓣5片。

雀舌草
荒地或田地中生长的杂草，无毛。●二年生草本 ●15～25cm
●4～10月 ●7～15mm

深山繁缕
生长于潮湿的山林及沼泽，茎柔软。●多年生草本 ●30cm ●春季 ●15mm

高雪轮的茎有黏性，能够粘住昆虫，但它并不是食虫植物，因为它不吸收虫子的营养。

荞麦、长鬃蓼和它们的近亲

●本篇介绍的均为蓼科植物。

荞麦田

蓼科植物的小花聚生，呈穗状，有白色和粉色的；花萼看起来很像花瓣，在花凋谢之后会包住三角形的果实；叶片根部呈豆荚状，能把茎包住。酸模和大黄是蓼科植物，因含草酸，尝起来有酸味。

有8枚雄蕊　蜜腺

雌蕊　雄蕊

雌蕊

有些花的雌蕊比雄蕊长（上），有些花的雌蕊比雄蕊短（下）。

花萼

花序

叶片包住茎部。

果实

把荞麦的果实研磨成粉之后，可以做出多种面食。

荞麦

根据植株的不同，有2种类型的花，分别是短柱花和长柱花。●一年生草本●40～70cm●8～10月●5mm●5～6mm●原产于中亚●荞面

花序

花朵的上部是粉色的，下部是白色的，非常可爱。

叶片呈戟形。

戟叶蓼

秋天的时候，在水边丛生。

●一年生草本●30～50cm●8～10月●6mm●4mm

花序

观赏植物，现已野生化。

头花蓼

茎部匍匐生长，种植于庭院前或石垣上。●多年生草本●基本一整年●3mm●原产于喜马拉雅山脉

1朵花

花序

拳参

生长在草原上的草，植株较高。

●多年生草本●50～80cm●7～9月●4mm

花序

刺

刺蓼

茎和叶上有刺，人被钩住会痛。

●一年生草本●40cm●5～10月●3mm●山中的草地

箭头蓼

花的上端呈粉色，下面呈白色。

从上往下看，花序是红色的，从下往上看是白色的。

果实

钩状的花柱能沾在动物身上被带走。

有的叶片有花纹。

金线草

多见于山林、野外，也可种植在庭院用于观赏。●多年生草本●50～80cm●7～10月●5mm

花萼

不常开花。

花萼肉质，包住果实，微甜，能吸引鸟类。

将花萼剥开，里面是果实。

扛板归

生长于野外，茎上有倒刺。

●一年生攀缘草本●2m●7～10月●3mm●6mm

　●生活型　●高度　●花期　●花径　●果期　●果径　●原产地及分布　●生境　●利用价值　●毒性

雄蕊比雌蕊长的花

芽

春蓼
生长于潮湿的环境中。春季开花，是蓼科中开花最早的植物。
● 一年生草本 ● 40～60cm ● 4～10月 ● 2mm ● 原野

水蓼（辣蓼）
叶片有辛辣味，可用作香辛料或生鱼片的佐料。

蚕茧草
和樱草一样，有些花的雌蕊和雄蕊长度是不一样的。● 多年生草本 ● 1m ● 8～10月 ● 6mm ● 水边

花序

长鬃蓼
是不可食用的蓼科植物。● 一年生草本 ● 20～40cm ● 6～11月 ● 3mm ● 路边、原野

花序

酸模叶蓼
开白色的花，花序很长。● 一年生草本 ● 1m ● 6～11月 ● 3mm ● 潮湿的原野、河滩

花序

植株很大，上面布满了细毛。

红蓼
用于观赏，部分野生化。● 一年生草本 ● 2m ● 7～10月 ● 6mm ● 原产于亚洲

果实

含草酸，有酸味。

花

叶柄作为蔬菜食用。也有红色的。

果序

花序

波叶大黄
作为蔬菜种植，叶柄可食用。
● 多年生草本 ● 1～2m ● 6～7月 ● 4mm ● 原产于西伯利亚地区 ● 果酱

果实 雌花 雄花

果序 嫩茎

虎杖
生长于山野草地，有雌株和雄株。● 多年生草本 ● 30～150cm ● 7～10月 ● 3mm ● 食用（嫩茎）

雌花 雄花

味道酸。

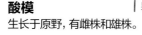

果实

酸模
生长于原野，有雌株和雄株。
● 多年生草本 ● 50～80cm ● 4～8月 ● 3mm ● 4mm ● 食用（嫩茎）

果序

果实 花

果序

羊蹄
生长于原野及路边的草，植株较大。● 多年生草本 ● 60～100cm ● 6月 ● 3mm ● 药用（根）、食用（嫩叶）

花

果实

放大后的花序

皱叶酸模
生长于原野的杂草。● 多年生草本 ● 1～1.5m ● 5～8月 ● 3mm ● 4～5mm ● 原产于欧洲、西亚

果实 花

果序

轮簇酸模
生长于荒地。● 二年生草本 ● 1m ● 5～6月 ● 2.5～3mm ● 原产于欧洲

花

果实

果序

钝叶酸模
生长于原野及荒地。● 多年生草本 ● 50～120cm ● 6～9月 ● 3mm ● 2.5mm ● 原产于欧洲

水蓼可以入药，在古代，水蓼还是一种调味料。

寄生植物

寄生植物包括腐生植物、全寄生植物和半寄生植物。全寄生植物不含叶绿素或只含有少量叶绿素，主要从寄主植物体内吸收养分和水分；半寄生植物含叶绿素，能够进行光合作用，主要从寄主植物体内吸收水分和无机盐。

以色列的死海沙地中，生长着过寄生生活的列当科植物——管花肉苁蓉。

全寄生植物

黄花小列当

与小列当一起生长，株体呈黄色，较为显眼。

小列当（列当科）

原产于北美洲，寄生于红车轴等植物上。●一年生草本●15～40cm●5～6月●1cm●原野

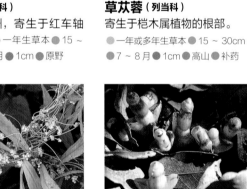

一种药用植物。

草苁蓉（列当科）

寄生于桤木属植物的根部。●一年或多年生草本●15～30cm●7～8月●1cm●高山●补药

形状很像烟袋。

花的内部。有无数像灰尘一样细小的种子。

野菰（列当科）

寄生于芒属植物的根部。●一年生草本●15cm●7～9月●1.5cm●山野草地

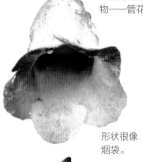

日本蛇菰（蛇菰科）

图中的是雌花序，目前还没有发现雄花。●5cm●10～11月●中国、日本●沿海的天然林

鸟黐蛇菰（蛇菰科）

同一个花穗中可以结出雄花和雌花。●10～11月●中国、日本●沿海的天然林

五角菟丝子（旋花科）

寄生生长的藤本植物。●一年生草本●50cm●8～9月●3mm●原产于北美洲

帽蕊草（帽蕊草科）

图片中的是花，雄蕊是盖子状的。●一年或多年生草本●4～7cm●11月上旬●亚洲●沿海的天然林

半寄生植物 • • • • • • • • • • • • • • •

雄花。有雄株和雌株。

深山马先蒿（列当科）

高山植物。花朵和叶片都很美丽。●多年生草本●15cm●7～8月●2cm●高山及亚高山的草地

果实。小太平鸟啄食果实并将种子带走。

白果槲寄生（檀香科）

寄生在落叶乔木植物体上。●常绿树●30～80cm●2～3月●3mm●12月～次年3月●8mm

四叶马先蒿（列当科）

叶子4片，生长在茎上。●多年生草本●10～40cm●7～8月●2cm●高山及亚高山的草地

腐生植物

兰科及杜鹃花科中的一些植物，根部会长出真菌，它们作为腐生植物，从这些真菌菌丝中夺取养分生存。

球果假沙晶兰（→P48）　血红肉果兰（→P155）　指柱兰

●生活型　●高度　●花期　●花径　●果期　●果径　●原产地及分布　●生境　●利用价值　●毒性

食虫植物

食虫植物生长于湿地，它们从捕到的昆虫身上吸食营养物质，用来补充从土壤中无法充分获取的养分。食虫植物利用黏液和陷阱捕捉昆虫和浮游生物，利用漂亮的花朵吸引昆虫来吸食花蜜，同时为它们传粉。

连续两次碰触叶片边缘的刺毛，捕蝇草的叶片就会闭合。

与裸海蝶相似。

粘住昆虫后叶片折叠，并从昆虫的身体里吸收养分。

花开时的形状与挖耳勺相似，由此得名。

捕虫囊能够捉住浮游生物。

裸海蝶（贝类的近亲）

挖耳草（狸藻科）
生长于湿地的小草，叶片细。
●多年生草本●5～15cm●8～10月●5mm●湿地

钩突挖耳草（狸藻科）
中国特有的食虫植物，可以用于观赏栽培。●5～17cm●6月●6～8mm●原产于中国

捕蝇草（茅膏菜科）
叶片边缘绿色的刺毛能将昆虫困在叶片里面。●多年生草本●5～7月●1.5cm●原产于北美洲

圆叶茅膏菜（茅膏菜科）
叶片顶端长毛并附着亮晶晶的黏液，可以捕捉昆虫。●多年生草本●6～20cm●6～8月●1cm●山中湿地

南方狸藻（狸藻科）
漂浮于池塘中，在水中捕捉浮游生物。●多年生草本●10～15cm●8～9月●1cm●储水池

貉藻（狸藻科）
漂浮于池塘中，濒临灭绝物种。●多年生草本●10～30cm●7～8月●2.5～4mm

匙叶茅膏菜（茅膏菜科）
叶片小、匙形，花粉色。●多年生草本●6～9月●5～8mm●湿地

英国茅膏菜（茅膏菜科）
用长叶包裹的方式捕捉昆虫。●7～8月●1cm

短梗挖耳草（狸藻科）
在湿地的泥水中捕虫。●多年生草本●10～30cm●6～9月●4mm●湿地

多枝捕虫堇（狸藻科）
生长于日本栃木县山中的稀有草类。●3～8cm●6～7月●1～1.5cm●日本●岩壁

高山捕虫堇（狸藻科）
高山植物，利用叶片捕捉昆虫。●多年生草本●5～15cm●7～8月●2cm●亚高山带～高山带

茅膏菜（茅膏菜科）
圆形捕虫叶与茎相连。●多年生草本●10～25cm●5～6月●1cm●湿地

绿瓶子草

北美洲

瓶子草科和猪笼草科是近亲。人们在美国南部的湿地已发现约10种瓶子草科植物。这些植物的瓶状叶片中含有消化液，叶盖上会分泌花蜜。昆虫被花蜜的香味引来，而后落入管内被消化。

花

花的雌蕊会盖住入口，使昆虫无法从入口出去，只能将花粉传给其他花。

世界各地的食虫植物

能够捕获并消化动物从而获得营养的植物就是食虫植物。食虫植物的叶片是口袋状的，昆虫落入其中就会被消化液溶解。下面，介绍几种外形奇特的食虫植物，如瓶子草、猪笼草等

白瓶子草　　　　　瓶子草

花

鹦鹉瓶子草

圭亚那高原

南美洲大陆的圭亚那高原有陡峭的岩石山，在水流经过的岩石上就能发现独立演化的食虫植物。

澳大利亚

澳大利亚西南部的稀有植物，形状与猪笼草极其相似，但它不是猪笼草科，而是土瓶草科的植物。

土瓶草

南非

茅膏菜科的一种食虫植物，具有观赏价值。叶片沿地面匍匐生长，附着在叶片茸毛顶端亮晶晶的黏液能够捕捉昆虫。

花

食蚁凤梨

楔叶茅膏菜

加里曼丹岛

这些藤本植物是猪笼草的近亲，生长在东南亚的热带雨林中。叶片顶端伸展，形成花瓶形状的陷阱来捕捉昆虫。在加里曼丹岛上这类物种非常丰富，有匍匐地面生长的小型植株品种，也有能捉住老鼠的大型植株品种。

马来亚猪笼草

花

劳氏猪笼草

暗色猪笼草

花蕾的入口有刺，青蛙掉进去就爬不上来了。

长毛猪笼草

苹果猪笼草

白环猪笼草

猩猩正在喝猪笼草里面的液体。

欧洲油菜和它的近亲

●本篇介绍的均为十字花科植物。

十字花科植物的花通常有 4 片花瓣、1 枚雌蕊、6 枚雄蕊。果实细长且多，呈豆荚状，成熟后裂开成两半，里面排列着种子，种子、叶和根大多可食用。我们常吃的叶菜中有很多是十字花科植物。

樱花盛开的季节，樱花树下大片开花的植物是原产于日本的芥菜型油菜。

十字花科植物的雄蕊通常有 6 个，外轮 2 个较短，内轮 4 个较长。

花的侧面　　子房（变成果实）

花瓣
花萼　　蜜腺

成熟后的果实。里面的种子又叫菜籽，可榨成食用油。

花也叫作油菜花，可作为蔬菜食用。

未成熟的果实

底部有绿色的蜜腺，能够吸引蜜蜂等昆虫。

吸食花蜜的蜜蜂

欧洲油菜
种子因含有丰富的油脂，可以用来榨食用油或做生物燃料。●—～二年生草本 ●3～5月 ●1.5～2cm ●5～10cm ●原产于欧洲 ●田地、堤坝 ●菜籽油

成熟的果实。将里面的种子捣碎，可做成黄芥末或芥末酱。

黄芥末　　抹上芥末酱的热狗

蔬菜

芥菜
栽培品种，也有野生的。●—～二年生草本 ●4～5月 ●1～1.5cm ●原产于中国 ●黄芥末、芥末酱

白菜
改良后的叶子是一种蔬菜。●3～4月 ●1.5cm ●原产于欧洲及亚洲大陆 ●蔬菜

果实

开花前可作为蔬菜食用。

芸薹
芜菁的近亲，它们的花也相似。改良后作为蔬菜栽培。●二年生草本 ●5～6月 ●1.5cm ●蔬菜

果实

我们常吃的西蓝花就是由许多花蕾聚集而成的。

西蓝花
卷心菜和羽衣甘蓝的近亲，花蕾可食用。●二年生草本 ●4～6月 ●1.2cm ●原产于地中海沿岸

果实

荠
果实呈三角形。●二年生草本 ●3～6月 ●3mm ●7mm

果实

触碰成熟的果实，种子会弹出来。

圆齿碎米荠
田边及路边生长的杂草，嫩叶可食用。●—～二年生草本 ●4～6月 ●4mm ●2cm

有辛辣的味道。

果实

萝卜

各地广泛栽培，长角果圆柱形，在种子间稍缢缩。根肉质，外皮绿色、白色或红色，作蔬菜食用。● 30～60cm ●2cm ● 4～6月 ●海岸沙地

花瓣长得像昆虫的翅膀。

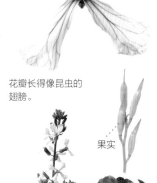

果实

整株散发出辛辣的气味。

果实

适合搭配肉食料理。

根是蔬菜。

叶片散发芝麻的香味。

磨碎的根部是种调料。

豆瓣菜

一般作为肉食料理的摆盘装饰使用。●多年生草本●4～8月● 6mm ●原产于欧洲●蔬菜

白萝卜

作为蔬菜种植，在堤坝上有野生品种。●一～二年生草本●1m ● 4～6月●2cm●4～6cm ●蔬菜

野芝麻菜

味道和芝麻相似，是意大利菜中较常用的蔬菜。●一～二年生草本●50～60cm●6～7月●2.5cm ●原产于地中海沿岸●香草、蔬菜

块茎山萮菜

生长于水流清澈的山中或河边。其根部可用来做一种叫芥末的调料。●多年生草本●30cm●3～5月●1cm●香辛料

果实

北美独行菜

比菥蓂稍小的杂草。●一～二年生草本●10～30cm ● 5～6月●3mm●3mm ●原产于北美洲

春天，在野外丛生。

成熟后的果实从根部裂开，露出种子。

果实

折下嫩茎和花蕾，热水焯过之后可以煮汤或做沙拉。

茎或叶无毛。

花比北美独行菜的稍大。

果实

果实

欧洲山芥

比欧洲油菜花稍小，常见于河滩及路边。●一～二年生草本● 4～6月●7mm●原产于欧洲

菥蓂

果实的形状很像一把圆扇子。●一～二年生草本●4～6月●5mm●1.2cm●田地、草地

诸葛菜（二月蓝）

具有观赏价值，现已野生化。●一～二年生草本●3～5月●2～3cm●原产于中国

葶菜

一种杂草，不可食用。●一～二年生草本●4～9月●4～5mm

西蓝花、花椰菜、卷心菜其实是同一个物种，都由羽衣甘蓝培育而来。羽衣甘蓝也是青汁的原料。

紫罗兰和它的近亲

本篇介绍的十字花科植物都是园艺植物，它们有 4 片花瓣。尽管白花菜科植物的花和十字花科的不一样，但菜粉蝶既会在十字花科植物中产卵，也会在白花菜科的醉蝶花中产卵。这 2 个科的植物中含有的化学成分也相同。

十字花科 · 白花菜科 等

醉蝶花。除十字花科以外，昆虫还会在白花菜科的植物中产卵。图片右下角圆圈圈里的是菜粉蝶。

重瓣花。花清香。

花除了粉色，还有白色、红色及紫色等，该花还有单层花瓣的品种。

紫罗兰（十字花科）
多种植于花坛中，也用于切花。
● 11 月～次年 5 月 ● 2 ～ 4cm ● 原产于南欧

花色刚开始是白色，逐渐变成粉色、紫色。

海滨希腊芥（十字花科）
种植于花坛，花芳香。● 一年生草本 ● 4 ～ 5 月 ● 1cm ● 原产于地中海沿岸

重瓣花品种。颜色还有橙色、黄色及白色等。

一些多年生的植株有残留的根茎。

桂竹香（十字花科）
盆栽栽植，花芳香。● 多年生草本 ● 1 ～ 5 月 ● 1 ～ 2cm ● 原产于南欧

香雪球（庭芥）（十字花科）
小花聚集开放，常种植于花坛中。● 3 ～ 6 月 ● 0.5 ～ 1cm ● 原产于地中海沿岸

屈曲花（十字花科）
花瓣有长有短，花形和蝴蝶相似。● 4 ～ 5 月 ● 1cm ● 原产于希腊

试一试！

银扇草的干花

试着把银扇草进行干燥处理吧。

银扇草的花

嫩果实

经过干燥处理的花

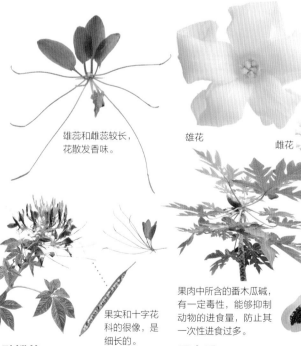

雄蕊和雌蕊较长，花散发香味。

雄花　　雌花

果实和十字花科的很像，是细长的。

醉蝶花（白花菜科）
种植于庭院。● 一年生草本 ● 80cm ● 7 ～ 9 月 ● 3cm ● 原产于非洲热带地区

果肉中所含的番木瓜碱，有一定毒性，能够抑制动物的进食量，防止其一次性进食过多。

番木瓜（番木瓜科）
热带果树。未成熟的果实可作为蔬菜食用。● 常绿树 ● 7 ～ 10m ● 整年 ● 3cm ● 原产于非洲热带地区

花的后侧，有存储花蜜的细长距。

叶片圆润，这是它的特点。叶片和花朵可以做沙拉。

旱金莲（旱金莲科）
与莲花相似的圆叶观赏植物。● 4 ～ 11 月 ● 5 ～ 6cm ● 原产于秘鲁、哥伦比亚

用锦葵花和覆盆子 制作英式小松饼

制作方法（6 个松饼的用量）

1. 准备 100g 牛油，放至室温，接着将其搅拌成奶油状，加入砂糖继续搅拌，直到颜色变白。
2. 将室温下的蛋液（1 个）逐渐混入步骤❶的成品中，并添加 30g 覆盆子果酱及少许柠檬汁。
3. 用筛网筛入 90g 低筋面粉和少许烘焙粉，并用木勺轻轻搅拌。
4. 加入 1 大匙橄榄油，轻轻搅拌。
5. 倒入松饼模具中，再用少量花瓣及新鲜覆盆子装饰，放入设定温度为 180℃的烤箱中烘烤约 30 分钟。

精致可爱的
点心完成了！

用紫花堇菜和草莓的花 制作淡雪羹

制作方法

1. 将 40ml 的水倒入锅中，加入 4g 琼脂粉（或者 1 根琼脂条），边搅拌边加热至沸腾，使其完全溶解。
2. 加入 40g 砂糖使其溶解，加热至沸腾后关火，放置冷却，直至可以触碰。
3. 搅拌蛋清，添加 20g 砂糖后制成酥皮。
4. 将步骤❷的成品分成两份，将其中一份倒入模具中（模具要提前用水浸湿），然后将花朝下整齐摆放。
5. 剩余的琼脂液逐量添加于步骤❸的成品中，充分搅拌。
6. 步骤❹的成品表面开始凝固时，倒入步骤❺的成品，并将表面抹平。

紫花堇菜

用花朵制作菜肴

花也可食用，但是有些花不易消化，请勿过多食用。试着和家人一起用花制作菜肴，使家常料理更加精致。

※ 仅使用你知道的可食用植物。

锦葵

煮过的花蕾配上
蛋黄酱也很好吃。

制作方法

夏季盛开的黄花菜的花及花蕾可作为蔬菜食用。用加了盐的水焯过之后，可以制作凉菜。

用黄花菜制作的凉菜

黄花菜

药用蒲公英

用花花草草尽情玩耍吧

春天，野外的堤岸边和荒地里开着各种各样的花，非常漂亮。我们不仅可以欣赏和观察它们，还可以用它们制作好玩的手工艺品。用花花草草来玩耍，尽情享受到在野外游玩的独特乐趣吧。

药用蒲公英

编织花饰

制作方法

试着用各种花编织花饰。将花编成小花环来当花冠，将花编成大花环来当项链。编织花环时，需选用茎干柔韧的花。

❶ 将花倾斜、交叉、缠绕，如图所示。

❷ 接着再缠绕一根。

❸ 按照步骤❷的顺序，继续缠绕编织。

❹ 编到一定长度后，把"花辫"的头尾相扣，用细草扎紧，做成环状。将花环上多余的茎干折断，花环就做好了！

74

春天，去野外郊游。

白车轴草

白车轴草和
红车轴草

泥胡菜

让豆荚种子弹出来吧

春天去野外，可能会发现野豌豆。试着找到它，做个实验。

❶ 找到黝黑成熟的豆荚。

❷ 快速捏豆荚，啪的一声后，豆荚裂开，种子弹出。这个过程非常有趣。

制作蒲公英风车

制作轻轻一吹就能够转动的蒲公英风车。利用户外的植物，就能轻松制作有趣的玩具。

制作方法

❶ 在茎的两端切几个竖的切口。

❷ 浸入水中，切口部分外翻。茎部中空，可以将较细的草穿入茎中。

吹一下

蒲公英风车

转动

木芙蓉、瑞香和它们的近亲

锦葵科的植物大多生长在热带地区，如树棉和咖啡黄葵等。木芙蓉、朱槿的雄蕊就像刷杯子的刷子那样，基部是连在一起的，并将雌蕊包围。雌蕊柱头分裂为5枚。

开粉色花的朱槿。朱槿代表着南国风情。

雌蕊的柱头分裂成5枚，雄蕊多数，连合成一管，被称为雄蕊柱。

……雌蕊

……雄蕊

芙蓉葵（草芙蓉）
原产于北美洲的园艺植物，花大，直径可达10～16cm。

种子

叶片有裂口，与枫叶相似。

木芙蓉（锦葵科）
夏季开花的美丽植物。花朵早晨开放，傍晚闭合。主要用于观赏。原产于中国。●落叶树 ●1.5～3m ●7～10月 ●10～14cm ●10月～次年1月 ●2.5cm

果实

种子有毛。

木槿（锦葵科）
韩国的国花，有很多园艺品种。●落叶树 ●8～9月 ●5～10cm ●2cm ●原产于中国 ●庭院树

果实

夏威夷的州花，被印在夏威夷的衬衫上。

朱槿（扶桑）（锦葵科）
马来西亚的国花，有很多园艺品种。●常绿树 ●1～2m ●9～15cm

花早上开，傍晚闭合。

花色丰富。

欧锦葵
可制作花茶，滴入柠檬汁后，茶的颜色会变成粉色。

果实

果实的切面

果实

茎的基部贴近地面。

果实聚集生长

叶片形似枫叶。

红秋葵（锦葵科）
和朱槿的花很像，更大。●多年生草本 ●1～2m ●7～9月 ●12～20cm ●原产于北美洲

锦葵（锦葵科）
原产于欧洲。主要用于观赏。●二~多年生草本 ●60～90cm ●6～8月 ●3cm ●药用 ●原产于欧洲

蜀葵（锦葵科）
茎干直立，花从下面开始依次向上开放。●二~多年生草本 ●2m ●6～8月 ●8cm ●原产于中国

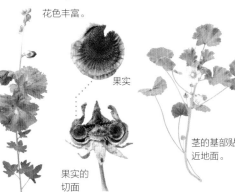

圆叶锦葵（锦葵科）
多见于路边及田地中的杂草。果实可分成多瓣。●二~多年生草本 ●50cm ●5～9月 ●1.5cm ●原产于欧洲及亚洲

●生活型 ●高度 ●花期 ●花径 ●果期 ●果径 ●原产地及分布 ●生境 ●利用价值 ●毒性

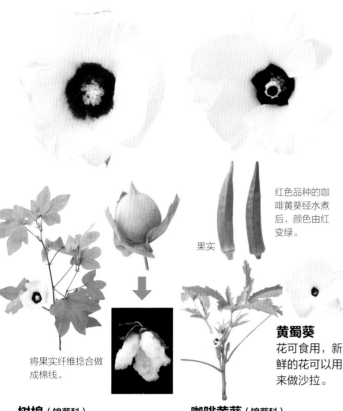

红色品种的咖啡黄葵经水煮后，颜色由红变绿。

果实

将果实纤维捻合做成棉线。

黄蜀葵
花可食用，新鲜的花可以用来做沙拉。

树棉（锦葵科）
人们种植棉花以便获取种子中的毛纤维。●多年生灌木 ●60cm ●8～9月 ●4～5cm ●棉花

咖啡黄葵（锦葵科）
嫩果实是可食用的蔬菜，口感滑润。也有红色的品种。●一年生草本 ●1.5m ●10cm ●原产于印度

在原产地，借助蜂鸟传播花粉。

雄蕊聚集生长，从花瓣中伸出来。

英文名叫 Sleeping Hibiscus，是睡芙蓉的意思。

红萼苘麻（锦葵科）
花悬挂在枝条上，随风飘动。●常绿藤本灌木 ●1.5m ●1.5m ●原产于巴西

墨西哥悬铃花（锦葵科）
花下垂，不张开。●1～2m ●3.5cm ●原产于墨西哥到南美洲

种子

未成熟的果实是闭合的。

成熟后开裂。

果实

雌花　雄花

花序

雌花　雄花

梧桐（锦葵科）
绿色枝干上长出非常大的叶片。果实的形状像小船，被扔出去后会旋转着下落。●落叶树 ●15m ●5～6月 ●1cm ●6～7cm ●行道树

花序

嫩果序

秋季，总苞变成翅，带着果实随风飘动。

果实

华东椴（锦葵科）
总苞长圆形，下垂，结出的花序散发淡淡的香味。●落叶树 ●8～10m ●6～7月 ●1cm ●5mm ●山地 ●产蜂蜜，行道树

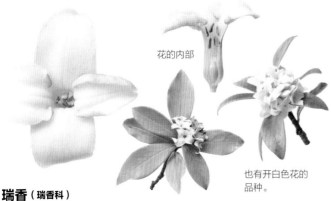

花的内部

也有开白色花的品种。

瑞香（瑞香科）
可种植于庭院，花散发香味。●常绿树 ●1m ●2～4月 ●1cm ●原产于中国

花长得与蜂巢相似。

红花结香
开红色花。是结香的园艺品种。

结香（瑞香科）
树枝分3个杈。树皮纤维可用来造纸。●落叶树 ●1～2m ●3～4月 ●原产于中国 ●纸、钱币

咖啡黄葵含有果胶和多糖组成的黏性物质，使咖啡黄葵的口感非常爽滑，除嫩果可食用外，其叶片、芽、花也可食用。

芸香、楝和它们的近亲

芸香科植物大多会散发出清香的味道，叶片及果实中的油能驱虫，茎上的刺也能保护自己免受昆虫的侵害。但是，油和刺都对凤蝶等蝴蝶不起作用，这些昆虫依旧会在植株上产卵。

温州蜜柑林

花清香。

花的切面

子房最后变成果实。

切面

实用的果皮

晒干的橘子果皮就是陈皮。陈皮是一种中药，也是一种调味料。

果实

果皮含油，上面的圆点是储存油脂的地方。

温州蜜柑（芸香科）

日本培育的蜜橘品种，无种子，果皮容易剥开。●常绿树●3～4m ●5～6月●3cm●11～12月●5～8cm●水果

先开花，后长叶。

切面。不可食用，形似橘子。

果实圆润。　成熟后变黄。

枳（芸香科）

枝上的刺尖锐，可作为绿篱栽植。果实是一种中药。●落叶树 ●3m●4～5月●4cm●10月●3～5cm●原产于中国

酸橙（芸香科）

果实成熟后也不容易从树上掉落。●常绿树●4～5m●5～6月 ●2.5cm●12月～次年7月●原产于印度●柑橘醋

枝干上有尖刺。

香橙（芸香科）

清香的果皮及果汁可用于烹饪，也可以用来泡澡。●常绿树●4～ 6m●4～5月●6～7cm●7～11月●6～7cm●原产于中国●食用

夏橙（芸香科）

刚结的果实太酸，无法食用，到第二年夏天果实会变甜。●常绿树●3～6m●5～6月●3～4cm●12月～次年7月●10cm●水果

果实酸。

花清香。

柠檬（芸香科）

在冬季温暖、夏季干燥的地区种植。●常绿树●2～7m●5～6月 ●3～4cm●10～12月●8～9cm●原产于喜马拉雅山脉●水果

果实

果实小。　纵切面　横切面

金柑（芸香科）

果实未成熟时就可带皮食用。●常绿树●1～2m●6～7月●2cm ●11月～次年1月●2～3cm●原产于中国●水果

子房有4室。

雌花

叶片有光泽。

1朵花分成4个部分，凋谢后结出果实，果实成熟后裂开。

雌花逐朵开放。

雄花聚集在一起。

雄花

雌花枝

雄花枝

臭常山（芸香科）
整棵植株散发臭味。有雌株和雄株。●落叶树●1～5m●4～5月
●1cm●7～10月●1cm●潮湿的山林

分辨芸香科植物的叶子

芸香科很多植物的叶子根部有小叶子。叶子与果皮一样，布满许多含有油分的油点，对着光线观察，就像夜晚的星空。

柚子

臭常山

油点

小叶子

没有小叶子的叶片上也有油点。

橘子的近亲们

橘子的近亲们广泛分布于世界各地。有很多叶和花都非常漂亮的品种，因而常作为观赏植物被种植。

杜南香（澳大利亚）

杯南香（南非）

雄花

有雄株和雌株。

叶片揉搓后散发臭味。

雄株

果实有剧毒，在枝叶顶端聚生。

日本茵芋（芸香科）
花和果实都很漂亮，有观赏价值，但有毒。●常绿树●1m●4～5月●1cm●12月～次年2月●8mm●山林●庭院树、插花●剧毒

雌花

雌花枝

果实

雌株结出的果实没有种子。

果序

吴茱萸（芸香科）
果实苦涩、有异味，是一种中药。●落叶树●3～5m●5～8月●8mm
●9～12月●8mm●原产于中国

雄花

子房

果实成熟后果皮裂开，黑色的种子掉出来。

青花椒
叶子和果实的香味没有日本花椒的浓烈。果皮成熟后变成褐色。

结出许多果实。

从雌花的侧面看，子房分为2室。

成熟后果实裂开，子房分为2室，果实也有2颗。

成熟前青色的果实可用于烹饪。

将叶片放在手中拍打，会散发出清香。

日本花椒（芸香科）
果皮磨成粉后是一种调味料。有雄株和雌株。●落叶树●1～3m
●4～5月●4mm●9～10月●5mm●调味料、中药

雄蕊聚集成管状，围住雌蕊。

花的侧面

叶片细密分开。

成熟的黄色果实有剧毒，但鸟儿可食用。

叶片有毒。

香木苦楝是另一种植物。

果实

楝（苦楝）（楝科）
花是浅紫色的，非常漂亮，散发出清香的味道。果实有毒。●落叶树●5～10m●5～6月●2cm●12月●1.5cm●剧毒（果实）

不用剥皮，也能知道橘子里面有几瓣果肉！摘下橘子的蒂，仔细数背面的白色条纹，有几条白色条纹就有几瓣果肉。

79

鸡爪槭 和它的近亲

●本篇介绍的均为无患子科植物。

无患子科中，槭属植物会长出手掌形状的叶子。到了秋天，叶子的颜色会变成红色和黄色。无患子科植物的果实上有螺旋桨一样的翅，果实成熟后会旋转着掉落。

槭树叶到了秋天会变成红色。

花瓣
花萼
雄蕊
两性花
开花期。
花可能会被鸟儿啄食。图中的鸟是远东山雀。
雄花
两性花的侧面
果实有翅，可随风飘向远方。
2 枚果实相连，飞起来时分开。
秋季变成红叶。
果实

鸡爪槭
有 5 ~ 7 片小叶。秋天的红叶很漂亮。●落叶树●15m●4 ~ 5月
●8mm●9 ~ 11月●山野树林●乐器、公园树

雄花
雄花序。有雌株和雄株。有时雌花和雄花会相互转换性别。
秋季叶子变红。

红脉槭
枝干是绿色的。●落叶树●8 ~ 10m●5月●8mm●10月●山林●木偶、梯子等

两性花
果实
花萼
花瓣
两性花
长毛的柱头
一个花序中既有雄花也有雌花。
开花期。
雄花
秋季叶子变红。

五角槭（五角枫）
叶片边缘无锯齿。●落叶树●15 ~ 20m●4 ~ 5月
●7mm●9 ~ 10月●滑雪板等

羽扇槭
叶片大，裂口小。●落叶树●5 ~ 10m●4 ~ 5月
●1cm●9 ~ 10月●庭院树

密集着生着100 ~ 200 朵雄花和两性花。
果实
雄花

花楸槭
穗状花序，长 10 ~ 20cm。●落叶树●3 ~ 15m
●6 ~ 8月●8mm●9 ~ 10月●高山

甜树液

鸡爪槭的近亲糖槭的树液有甜味。早春时节，人们把树液煮热，做成枫糖浆。

在树干上划出口子，收集树液。

果实掉落

试着让槭树的果实从高空掉落。2 枚相连的果实和 1 枚果实，哪个下落得慢？

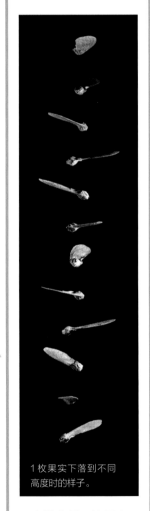

1 枚果实下落到不同高度时的样子。

正确答案是 1 枚果实下落得慢。1 枚果实下落时，翅会围绕着种子旋转，就像竹蜻蜓一样。另外，果实表面的纹路也会对浮力产生影响。

　●生活型 ●高度 ●花期 ●花径 ●果期 ●果径 ●原产地及分布 ●生境 ●利用价值 ●毒性

日本七叶树、盐麸木和它们的近亲

大多数无患子科植物都能长成高大的树，它们的果实呈口袋状，种子个头儿大。荔枝也是无患子科植物。漆树的近亲中，有的植物也含树液，且小花密集生长。

长着绿色果皮的倒地铃

花瓣 4 片

开花时由黄色变成红色。

雄花

欧洲七叶树和北美红花七叶树的杂交品种。

花的侧面

雄花

日本七叶树会长成非常高大的树。七叶树因其枝条的 1 个节上有 7 片叶子而得名。

松鼠将种子储存在土中，吃剩的种子会发芽。

果实的切面

成熟后的颜色变成褐色。

心形花纹

种子

蜜蜂采集花蜜。

雄花和两性花在一个花序中开放。

两性花结出果实。两性花在花序的下方，所以果实也从下面结出。

厚皮

种子可以用来做点心。

果实

种子

日本七叶树（**无患子科**）

会长成非常高大的树，大树叶像手掌一样展开。 ●落叶树●20～30m
●●5～6月●1.5cm●9月●3～5cm●湿地附近

红花七叶树（**无患子科**）

花为红色，果皮带刺。 ●落叶树
●●10～15m●5～6月●2cm●9月●5cm●行道树

倒地铃（**无患子科**）

藤本植物，果实形似气球。 ●一年生草本●7～9月●6mm
●●8～11月●3cm●原产于美洲

各种无患子科植物

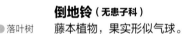

果皮浸入水中会产生泡沫。
（→ P124）

雄花

雌花

种子像羽毛键子的球形底座。

果实成熟后颜色变成浅褐色。

雌花

雄花

果实上有咸味的粉末。

1 颗果实

种子

茸毛从雌花柄的顶端伸出，看起来很朦胧。柄的顶端结有果实。

果实

无患子（**无患子科**）

白色小花凋谢后会结出半透明的果实。 ●落叶树●8～10m●5月
●●4～5mm●10月●2cm●念珠

果实是种水果。

果皮像鳞片一样。

远看就像一团烟雾。原产于欧亚大陆。

红毛丹（**无患子科**）

原产于马来西亚，果实可食用。果实上长满了红色的软刺。 ●常
绿树●10m●5月●4cm

荔枝（**无患子科**）

原产于中国的热带及亚热带地区。果实是非常有名的水果。 ●常绿树●10m●5月●3cm

盐麸木（**漆树科**）

树木会溢出白色的漆，可涂在漆器上。 ●落叶树●8～9月
●●3mm●3mm●牌匾、漆器等

黄栌（**漆树科**）

有雌株和雄株，雌株的花序看起来像烟雾。 ●落叶树●4～5m
●●6～8月

漆树科植物的树液是天然油漆，可以用来涂刷木器。但是，沾到皮肤上的话可能会对皮肤产生刺激。

早春旌节花和它的近亲

早春旌节花在早春开放，花序下垂，沿着树枝整齐排列，花分为雌花和雄花。
省沽油科是旌节花科的近亲，该科中部分植物的果实有小室，外形独特。

早春旌节花先开花，后长叶。

雄蕊 8 枚。

子房

雌花

雄花

雌株的枝。雌花花序较短。

雄株的枝。花序长。

雄株的内部。子房瘦小，无法发育成果实。

果枝

早春旌节花（旌节花科）
花发于早春，黄色的花序下垂。有雌株和雄株。 ●落叶树●2 ～ 3m
●3 ～ 4 月●长 7mm●10 月●7mm●光照充足的山野

花序

黑色种子闪闪发光，乍一看像浆果。

果序

野鸦椿（省沽油科）
果实的红色和种子的黑色对比强烈，会吸引鸟类。黑色种子容易被
鸟类误认为是浆果而食用。●落叶树●5 ～ 6 月●3 ～ 4mm●10 ～ 11 月

花枝

叶子 3 片一组。花香不浓烈。

果实随风飞起。

花

有 5 枚花萼，和花瓣颜色接近。

省沽油（省沽油科）
花与齿叶溲疏的相似，但叶和果实与它的不同。●落叶树●2 ～ 3m
●5 ～ 6 月●1cm●10 ～ 11 月●山野的湿地

果枝

红树林中的植物

红树林是热带及亚热带的海岸湿地中孕育出的常绿树林，涨
潮时会被海水淹浸。在盐分高、含氧量低的环境中，红树林
植物具有特殊形态及结构。

红茄苳（红树科）

涨潮时

海水浸淹。

退潮时

支柱根支撑植株。

秋茄树的繁殖方法
果实还在树上的时候，种子就快
速萌发，可以生根了。掉入泥沙
中以后，会快速发充成植株。

秋茄树
花萼展开后看起来
像花瓣。真正的花
瓣像丝带一样。

胚根从未脱离枝
条的果实中长出。

果实

根

切面。根从果
实中伸出。

芽

根扎入地面后，
芽长了出来。

秋茄树（红树科）

榄李（使君子科）
叶片很厚，形似勺子。花的直径约
为 5mm。

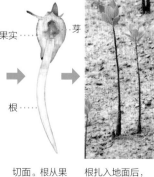

玉蕊（玉蕊科）
花的直径约为 5cm，夜间开放，
清晨落在水中后会随水漂走。

●生活型 ●高度 ●花期 ●花径 ●果期 ●果径 ●原产地及分布 ●生境 ●利用价值 ●毒性

紫薇和它的近亲

千屈菜是草，紫薇是树，但是这2种植物都属于千屈菜科，都有6片花瓣，花的质感也都像做手工使用的皱纹纸一样。它们还有一个共同点：一朵花中的同种花蕊长短不一。欧菱也是千屈菜科植物，叶子浮在水面，构成独特的形状。

铺满水面的欧菱

雌蕊长的
长柱花

雌蕊中等长度
的中柱花

短柱花的雌蕊。如
图所示，雌蕊的花
柱非常短。

雌蕊短的
短柱花

果实

果枝

花枝

去掉花萼的果实

丛生于湿地环境中。

千屈菜（千屈菜科）
雌蕊的花柱分为长、中、短3种类型，异花传粉之后结出果实。
● 多年生草本 ● 50～100cm ● 7～8月 ● 1.5cm

毛千屈菜丛生生长，
繁殖能力强，在全世
界分布广泛。

毛千屈菜（千屈菜科）
与千屈菜相似，但植株上的毛
更多。● 多年生草本 ● 50～150cm
● 7～8月 ● 1.5cm ● 湿地

根部在水中，
叶片浮在水面。

果实可食用。

叶片为
菱形。

叶柄长有
鼓包。

果实

刺尖锐

欧菱（千屈菜科）
叶片浮在水面。果实可食用。
● 一年生草本 ● 7～10月 ● 1cm
● 9～11月 ● 池塘、沼泽

一朵花中
雄蕊的长
度不同。

种子落下时
会旋转。

花的侧面

果实　果实的切面　种子

树皮光滑。

单朵花约在
开放两天后
凋谢，其余
的花会一朵
接着一朵相
继开放。

行道树

花枝

果枝

紫薇（千屈菜科）
花非常美丽，会从夏季一直开到秋季。● 落叶树 ● 3～7m ● 7～10
月 ● 3～4cm ● 7mm ● 原产于中国南方 ● 庭院树、行道树

花的
内部

子房

花萼片

果实成
熟后
裂开。

花枝

种子

果实

石榴（千屈菜科）
用来欣赏花和果实的园艺植物，
种子是酸甜可口的水果。● 落叶树
● 6月 ● 5cm ● 8cm ● 原产于西亚

有两种长度的雄蕊。

印度野牡丹（野牡丹科）
可栽培的灌木。● 常绿树 ● 1～
1.5m ● 5～8月 ● 6cm ● 叶和根可
入药

有两种长度的雄蕊。

艳紫光荣树（野牡丹科）
原产于中美洲和南美洲的园艺
植物，花大。● 常绿树 ● 1～3m
● 8～11月 ● 7cm

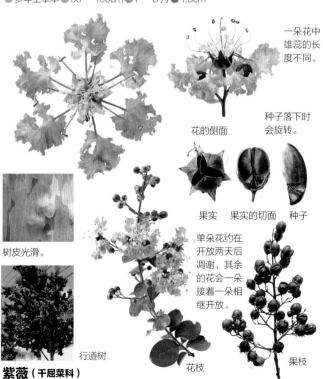

紫薇又叫"百日红"，是因为它开花的时间持续得特别长。

月见草和它的近亲

●本篇介绍的均为柳叶菜科植物。

柳叶菜科植物的花从侧面看呈"T"字形，花瓣下面的子房形状细长，因此由它发育而成的果实也是细长形的。开黄色花的月见草在夜里开花，吸引飞蛾等夜行性昆虫，开粉色花的月见草在白天开花，吸引昼行性昆虫。

被吸引来吸食月见草花蜜的芋双线天蛾

花瓣 4 片。

冬天，植株呈莲座状。

花瓣呈心形。

果实

花蜜储存在比较深的地方，口器长的昆虫才能吸食到。

枯萎的花颜色偏红。

切面

结果的位置

种子

子房

花粉与黏附的丝一起露出，粘在飞蛾的嘴上。

切面

种子

枯萎后变红。

叶细长。

待宵草
花大，且漂亮。●一～二年生草本
●1m ●5～11 月 ●8cm ●3～4cm
●原产于南美洲 ●空地 ●庭院种植

裂叶月见草
花在傍晚开，清晨闭合，花只开一个晚上。茎沿地面匍匐生长。已经在荒地及海岸的沙地野生化。●一～多年生草本●4～11 月
●1.5～4.5cm●长 2～5cm●原产于北美洲

月见草
丛生于路边或空地，种子休眠的时间长达 80 年。●二年生草本●1.2m ●6～10 月 ●2～6cm
●原产于北美洲

黄花月见草
花大，直径可达 10cm。●二～多 年 生 草 本 ●1.5m ●7～9 月
●10cm ●空地、路边 ●庭院种植

白天开花。

花瓣 4～5 片。

较大的雌蕊

变成果实的部分

细小的种子排列在一起。

果实

圆润的雌蕊

此部分会变成果实。

果实和丁子香的花蕾很像。

美丽月见草
庭院花卉，已野生化。●多年生草本●40cm ●5～9 月 ●5cm ●原产于北美洲

果实成熟后在雨天开裂，种子被雨滴打落。

花粉通过丝相连。

种子

假柳叶菜
不要被名称误导，假柳叶菜也是柳叶菜科植物。●一年生草本
●30～70cm ●8～10 月 ●6～8mm ●1.5～3cm ●田地、湿地

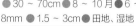

蒴果贴生柔毛。

蒴果贴生柔毛。

有黏性的果实

南方露珠草的果实顶端呈钩状，有黏性。

南方露珠草

粉花月见草
花美丽诱人，可用于观赏，已野生化。●多年生草本●20～40cm
●5～9 月 ●1.5cm ●原产于北美洲

毛脉柳叶菜
开粉色的可爱小花。●多年生草本●15～60cm ●7～8 月 ●1cm
●山间湿地

柳兰
夏季丛生于高原地区。雌蕊柱头 4 深裂。●多年生草本●1～1.5m ●6～8 月 ●3～4cm

洋蒲桃和它的近亲

●本篇介绍的均为桃金娘科植物。

桃金娘科植物为常绿树，主要分布在热带及亚热带。本科植物的雄蕊很长，多枚簇生在一起，非常美丽。这种植物大多生长在澳大利亚。考拉爱吃的桉树就是桃金娘科的植物。

桃金娘科植物的花吸引蜂鸟来吸食花蜜。

花瓣外翻。

种子
果实

有很明显的花瓣残留痕迹。

长雌蕊

果枝

花瓣的外侧是白色的。

花枝

果实的切面呈"十"字形。

凤榴（菲油果）
常绿树，花漂亮，果实也很美味，可作为果树种植。能吸引绣眼鸟等吸食花蜜。●常绿树 ●1.2～6m ●5～6月 ●4cm ●5cm（长）●原产于南美洲

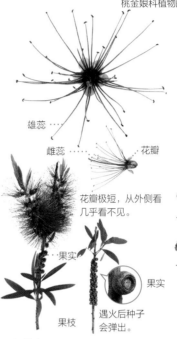

雄蕊

雌蕊
花瓣

花瓣极短，从外侧看几乎看不见。

果实

果枝

遇火后种子会弹出。

多花红千层
花呈刷子状，在其原产地依靠鸟类传播花粉。●常绿树 ●1～3m ●5月 ●原产于澳大利亚

重瓣花

单层花瓣的花

果实

松红梅蜂蜜。

松红梅
遇到山火时，种子从果实中弹出。原产于澳大利亚、新西兰。●2～5月、11～12月

切面

果实

香桃木
常作为盆栽种植。●常绿树 ●1～3m ●5～6月 ●2cm ●原产于地中海沿岸 ●庭院树、甜香酒

番石榴
果实味道甜美，果肉呈黏稠状。●1～3m ●6～10月 ●3cm ●长5～15cm ●原产于美洲热带地区

切面

果实

洋蒲桃
热带水果，比较熟知的名字是莲雾。●1～2m ●6～8月 ●3～7cm ●原产于马来西亚及印度

果实

可食用的红果仔。

红果仔
味道清香的热带水果。●3～5m ●9月～次年1月 ●1.5cm ●10～11月 ●2～3cm ●原产于巴西 ●果树

桉属植物的花也能食用

桉属植物是澳大利亚大陆的常绿树，有500多种。桉属植物因叶片被考拉食用而出名，它们的花也能食用。

在吃桉属植物叶子的考拉

被吸引来吸食花蜜的大蝙蝠

舔食花粉的某种吉丁虫

植株很高。

是一种香料。

花蕾从侧面看呈"丁"字形。

丁子香
花蕾干燥后用作香料。●常绿树 ●10m ●1.5cm ●原产于印度尼西亚

制作丁子香橙
丁子香具有杀菌作用。将干燥的丁子香花蕾插入橙子中，会散发出独特的香味。在欧洲等地，人们将丁子香橙作为一种天然香薰来使用。

🌙 月见草和它的近亲们的花朵呈偏白的黄色，在夜间也很显眼。

天竺葵和它的近亲

●本篇介绍的均为牻牛儿苗科植物。

天竺葵和它的近亲都是喜光的草本植物，叶片大多裂开，形状像手掌。花瓣有纹路，有的花向上开，有的花横着开。果实的形状像鸟嘴，成熟后分裂成5份，种子从中弹出。

中日老鹳草种子弹出来以后，果实的样子。

……花柱

……花萼

这里有种子。

果实成熟后，果皮干燥收缩的力，会将种子逐个儿弹出去。

花瓣有纤细柔弱感。

花比中日老鹳草的小。

花有粉色和白色的。

老鹳草
花与中日老鹳草的相似，但花萼更短。

果实与中日老鹳草的相似。

叶片深裂。

覆盖柔毛。植株散发异味。

中日老鹳草
古代就在使用的草药，煎服，可治疗痢疾。●多年生草本●15～50cm
●7～10月●1.5cm●2cm●药用

野老鹳草
生长于路边的杂草。●一～多年生草本●20～40cm●5～6月●7mm●1.5cm●原产于北美洲

汉荭鱼腥草（纤细老鹳草）
生长于山地林下、岩壁上、道路旁等地。●一～二年生草本
●5～8月●1.5cm●1.5cm

虾夷老鹳草
生长于高山草原。花向上开，吸引蝇类及甲虫。●多年生草本●7～8月●2.5～3cm

横向开花。

品种丰富。

在意大利常作为盆栽种植，用来装饰街边及阳台。

横向开花。

品种丰富。

来吸食花蜜的熊蜂

叶片厚，散发异味。

果实

叶片散发清香，可用作香料。

毛蕊老鹳草
生长于山中草原，横向开花，能吸引熊蜂。●多年生草本●6～8月●3cm

天竺葵
常作为盆栽种植，开白色和朱红色的花。果实形状和中日老鹳草的相似。●多年生草本●3～12月●4cm●原产于南非

家天竺葵
是与天竺葵相似的园艺植物。
●多年生草本●4～7月●原产于南非

这是哪种植物的表面？

许多植物表面覆盖着毛或鳞片，这和人类需要穿衣服有些相似，
都是用来保护自己免受寒冷、紫外线、外敌等侵害的。
虽说都是毛或鳞片，但有的细、有的粗，也有的带黏性，形态各异。

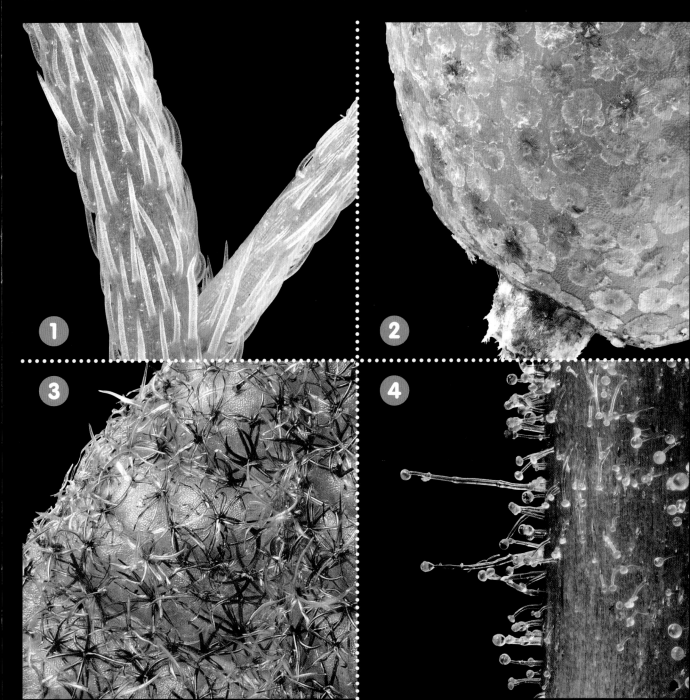

泽漆和它的近亲

大戟科植物的花形状奇特，雌花、雄花、腺体都能够吸引昆虫。看起来像花瓣的部分，其实是苞叶。茎被切开后会渗出白色乳汁。金丝桃科植物因其花是黄色的，很漂亮，常被应用于园艺栽植。

鸟儿正在啄食乌桕的种子，种子外边有一层蜡，热量很高，对鸟儿来说是一场盛宴。

雄花 / 雌花 / 存储花蜜的腺体 / 侧面图

柱头 / 子房 / 雌花 / 雄花

柱头 / 雄花 / 雌花 / 腺体

大戟
高度可达 **30～80cm**，比泽漆高。
皮肤碰到乳汁后会发炎。

子房隆起。
子房隆起变成果实，果实顶部有突起。

用来营造节日气氛的冬季花卉

看起来像花瓣的部分其实是苞叶，颜色进化成易被蜂鸟等鸟类发现的红色。

一品红（大戟科）
冬季作为盆栽售卖。在原产地，蜂鸟会来吸食花蜜。花小，红色的苞叶可用来观赏。●常绿树●1～3m●10～12月●7mm●原产于中美洲●有毒（乳汁）

泽漆（大戟科）
授粉后，子房先隆起，后掉落。●一年生草本●20～40cm●3～4月●3mm●有毒（乳汁）

日本泽漆（大戟科）
和泽漆一样，乳汁会使人的皮肤过敏。●多年生草本●30～50cm●4～5月●6mm●湿地●有毒（乳汁）

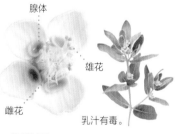
腺体 / 雄花 / 雌花 / 乳汁有毒。

子房无毛附着。 / 乳汁有毒。

子房有毛附着。 / 乳汁有毒。

银边翠（大戟科）
叶片边缘是白色的，整株都具有观赏价值。●30～60cm●7～8月●原产于北美洲

地锦草（大戟科）
茎红色，含乳汁。生长在路边。●一年生草本●7～10月●0.3mm●1.8mm

斑地锦（大戟科）
生长于平原和低矮山坡的路旁。●一年生草本●6～9月●0.6mm●1.8mm●原产于北美洲

花序

放大后的花序。花序上密集生长着直径1cm左右的花，像麻绳一样。

腺体分泌出花蜜。 / 刺

茎直立 / 乳汁有毒。

红穗铁苋菜（狗尾红）（大戟科）
花序呈长麻绳状，具有观赏价值。●常绿树●秋季●20～50cm（花序长度）●原产于马来西亚

铁海棠（大戟科）
耐旱，茎部有许多尖刺，园艺植物。●常绿树●1cm●原产于马达加斯加岛

大地锦草（大戟科）
茎是浅红色的。●一年生草本●20～30cm●6～10月●0.5mm●2mm●原产于北美洲

世界上最大的花
大花草（大花草科）是大戟科植物的近亲，单朵花直径可超过1m，是世界上单朵花直径最大的花。大花草是种寄生植物。

生长于马来半岛等地。

雌花

果实成熟后裂开,种子露出。

雌花

白色部分的内侧是黑色的种子。

柱头分裂成3枚。

雌花

果实

果实成熟后裂开,露出3颗种子。

果实的切面

雌花

雄花

雌株 雄株

红背山麻杆（大戟科）
借助风传播花粉。●原产于中国

一个果实里有3颗种子,种子像一种贝壳。

叶片大,直径可达1m。

雄花

花序

雄花

花序

秋天红叶非常美丽,可作为行道树栽种。

红色的芽。

莽吉柿的果实

藤黄科植物莽吉柿的果实,就是我们熟知的水果山竹。莽吉柿也是大戟科植物的近亲。果实与乌桕的相似。

白色部分可食用,味道甘甜。

蓖麻（大戟科）
种子可以榨油（蓖麻油）。●2m
●8～10月●原产于印度及北非各国
●润滑油、药用●有毒（种子）

乌桕（大戟科）
包被种子的白色部分含蜡。●落叶树●7月●1.5cm●原产于中国
●有毒（种子）

野梧桐（大戟科）
有雄株和雌株,雌花有3枚角状的柱头。●落叶树●2～8m●6～7月●8mm

果实

仔细观察叶片,会发现腺点。（此图为贯叶连翘的叶片）

冬绿金丝桃

和花相比,人们更喜欢它的果实。

西德科特金丝桃

金丝桃（金丝桃科）
庭院树。叶片细,像柳树叶一样。●常绿树●1m●6～7月
●5cm●原产于中国

亚麻（亚麻科）
种子可榨成食用油,茎部可提取纤维。
●一年生草本●1m●6～8月●原产于中亚●亚麻油、麻（亚麻）

金丝桃科植物花中的雄蕊呈束状生长。

雄花

果实中露出红色种子。

花萼

贯叶连翘
原产于欧洲的驯化植物,叶片细。

树枝下垂。

小连翘（金丝桃科）
生长于光照充足的山野,花和叶上有黑色腺点。●多年生草本●50cm
●7～8月●1.5cm●山野●药用

浆果金丝桃（金丝桃科）
果枝在花店有售。●常绿树
●1m●5～7月●2cm●原产于地中海沿岸

金丝梅（金丝桃科）
形似梅花,种植于公园及庭院。
●常绿树●1m●6～7月●4cm
●原产于中国

香港算盘子（叶下珠科）
雌花和雄花开在同一棵植株上,借助飞蛾传播花粉。●常绿树●2～10m●5mm●7～9mm

😊 金丝桃的根和果实有药用价值,其中果实可以做连翘的替代品。

柳树、西番莲和它们的近亲

柳树是生长于河边的落叶树，它柔软的树枝垂向水面，细长的树叶会随着水流流动。柳树有雌株和雄株，借助风力或昆虫传播花粉。西番莲是原产于南美洲的藤本植物，开出的花形状奇特。

垂柳行道树。像这样枝叶下垂的柳树的近亲树种极少。

雄蕊

雄花

雄蕊的红色部分能够遮挡紫外线。

叶片顶端是圆的。

雄花序

雌花枝

雌花花序

雌花

雌蕊

退化的雄蕊

也有雌蕊退化的雄花。

枝叶不下垂。
（上图是杞柳的园艺品种白露锦）

雄蕊

雄花

雄花序

种植于水边。

雄花枝

枝叶下垂。

杞柳（杨柳科）

山野中常见的低矮柳树。早春开花，然后长叶。冬芽展开后的花苞呈银色，很柔软。●落叶树●1～3m●3～5月●1.5～3cm（花序长度）●6～7月●水边、湿地

垂柳（杨柳科）

生长在道路旁和水边的绿化树种。●落叶树●8～17m●3～5月●2～2.5cm（花序长度）●原产于中国

借助风力繁衍后代

柳树的种子上有茸毛，会随风飘散。这些种子叫作"柳絮"。

龙江柳
生长于山野、溪流及路边。初夏时产生柳絮。

杞柳
种子小，借助风力传播。

产生花粉的雄蕊

先开花，后长叶。

细柱柳（杨柳科）

嫩花序被蓬松的毛包住。●落叶树●3m●3～4月●花序长3～7cm●水边

柳絮

种植钻天杨的道路

钻天杨（杨柳科）

垂直生长的大型树。●落叶树●30m●5～7月

从花朵的侧面看，能看到雌蕊是伸出来的。

花看起来像钟表。

藤本植物，攀缘生长。

长满红色种子。

果实

雌花

雄花

果序

结出许多果实，将山林染红。

山桐子（杨柳科）

花及果实与杨柳科中的其他植物都不同，依据遗传物质比对结果分析，它属于柳树的近亲。通过昆虫传播花粉，红色果实会被鸟类食用。●落叶树●10～15m●5月●8mm（雌花）、1.5cm（雄花）●11月～次年1月●1cm

这是西番莲近亲植物的花朵。红色的花能够吸引蜂鸟来传播花粉。

西番莲（西番莲科）

原产于南美洲的藤本植物。在原产地，依靠大型蜂类传播花粉。近亲中，也有依靠蜂鸟传播花粉的。●常绿木质藤本●7～9月●10cm●5～6cm（长）●原产于南美洲

鸡蛋果
又叫百香果，果实可食用。

东北堇菜和它的近亲

从侧面观察，东北堇菜和其近亲的花都有一个突起，这个突起叫距，里面有花蜜。熊蜂或蜂虻吸食花蜜时，长长的口器上会沾满花粉。

● 本篇介绍的均为堇菜科植物。

生长在原野或路边的东北堇菜

菫菜科

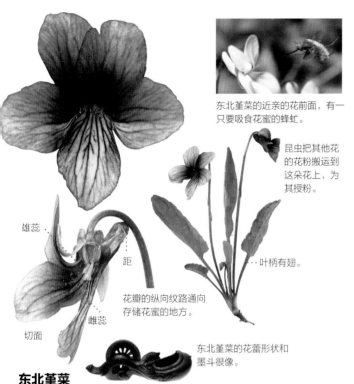

东北堇菜的近亲的花前面，有一只要吸食花蜜的蜂虻。

昆虫把其他花的花粉搬运到这朵花上，为其授粉。

雄蕊

距

叶柄有翅。

雌蕊

切面

花瓣的纵向纹路通向存储花蜜的地方。

东北堇菜的花蕾形状和墨斗很像。

东北堇菜
花与叶柄连接的地方下弯，花下垂。花能够吸引熊蜂或蜂虻等昆虫将长长的口器伸入花内侧的距中。● 多年生草本 ● 7 ~ 15cm ● 4 ~ 6 月 ● 1.5 ~ 2cm ● 庭院种植

闭锁花和种子的结构

东北堇菜除了开普通的花，还会开出花瓣已退化的闭锁花，并结出果实，繁衍后代。东北堇菜的果实成熟后裂开，弹出种子。种子中含有蚂蚁喜欢的胶状物质（油质体），所以蚂蚁会来搬运它们。

闭锁花的形态

果实

雌蕊

雄蕊

闭锁花的内部结构

雄蕊和雌蕊闭花授粉

东北堇菜的果实

种子

油质体

利用果皮干裂收缩的力，将种子弹出 2 ~ 3m。

开正常花和闭锁花的东北堇菜所结果实的对比。

正常花　闭锁花

雌蕊的残留部分长。　雌蕊的残留部分短。

蚂蚁正在搬运含有油质体的种子。

花也是圆形的。

裂开的果实

叶片呈圆润的心形。

圆叶白花堇菜
生长在光照充足的山野，叶片圆润，开白花。● 多年生草本 ● 5 ~ 10cm ● 4 ~ 5 月 ● 2cm ● 山野

裂开的果实

紫花堇菜
花在植株低矮的时候就开放，之后花茎开始慢慢长高。● 多年生草本 ● 5 ~ 30cm ● 4 ~ 5 月 ● 1.5 ~ 2cm

心形的大叶

大叶黄堇菜
生长于山中，开黄花。● 多年生草本 ● 5 ~ 20cm ● 4 ~ 7 月 ● 1.5 ~ 2cm ● 山林

如意草
生长于潮湿环境，开白色小花。
● 多年生草本 ● 5 ~ 25cm ● 4 ~ 6 月 ● 1cm ● 公园、田埂

在花朵的后面，有大拇指形状的短距。

大花三色堇
原产于欧洲，是经过改良的园艺品种，颜色丰富。● 一年生草本 ● 11月 ~ 次年 5 月

种子不会弹出来的日本球果堇菜

日本球果堇菜的种子不会弹出来。圆润的果实成熟后裂开，通过油质体吸引蚂蚁将种子运走。

果实

早春开花。叶片呈圆形是其特点。

普通的花凋谢后，仍然不断结出闭锁花。

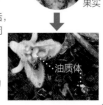

油质体

种子里含有的油质体很多。

西番莲的近亲中，有些品种的叶片上有形似蝴蝶卵的突起。这些突起是为了让昆虫以为叶片上已产卵，进而放弃在此产卵。

酢浆草 和它的近亲

●本篇介绍的均为酢浆草科植物。

酢浆草科植物的叶和茎中含有草酸等酸性成分。它们的小叶都呈心形，3 片小叶构成一组；叶柄的基部有关节，能够感应到光线的强弱变化，在雨天或晚上光线变弱时，小叶会像雨伞一样合起来。

酢浆草生命力顽强，即使在城市的路边、墙角也能生根发芽。

只在早上开花。

夜间闭合的叶片
酢浆草的小叶是心形的，中间有纹路，夜间折叠闭合。

白天　　夜间

雄蕊有长有短，分为内外 2 轮。

有叶片呈紫红色、花瓣上有红纹的品种。也有中间类型的变异品种。

花瓣宽，较为显眼。

小叶是心形的，3 片一组。

沿地面匍匐生长。

叶片和茎尝起来有酸味。

紫红色叶片的品种

酢浆草
生长于路边的杂草。在晚上，小叶会沿着中间的纹路折叠起来。
●多年生草本 ●5cm ●4 ~ 11 月 ●8mm

枝干两侧的茎比较直。

直酢浆草
生长于林下和沟谷潮湿处。●10 ~ 30cm ●4 ~ 11 月 ●原产于北美洲

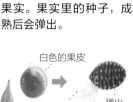

果实捏一捏！

酢浆草会结出形似火箭的果实。果实里的种子，成熟后会弹出。

白色的果皮

果皮爆开。　弹出种子

种子被白色的皮包裹。种子成熟后变大，把皮撑破，借助反作用力弹出。

果实

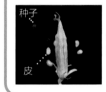

种子

皮

种子弹出的瞬间。

雄蕊为白色。

雄蕊为黄色。

花粉极少，不结果。

花在白天开放，傍晚闭合。

山酢浆草
生长于山林。●多年生草本 ●5cm ●3 ~ 4 月 ●2cm

通过球状鳞茎进行繁殖。

通过块茎繁殖。果实不可食用。

红花酢浆草
观赏植物，现已野生化。●多年生草本 ●1.5cm ●原产于南美洲

关节酢浆草
地下茎是长圆形的。●多年生草本 ●1.5cm ●原产于南美洲

紫花巴西酢浆草
原产于南美洲的驯化植物。●4 ~ 5 月 ●1.5cm ●原产于南美洲

长得像星星的水果

阳桃是酢浆草的近亲，属于木本植物，原产于东南亚。阳桃的果实是种水果，叶片略有酸味。

阳桃的花和尚未成熟的果实

果实成熟后变黄。

切面呈星形。

●生活型 ●高度 ●花期 ●花径 ●果期 ●果径 ●原产地及分布 ●生境 ●利用价值 ●毒性

卫矛和它的近亲

卫矛及其近亲的花平展，有4片或5片花瓣，雄蕊从花瓣相接的位置长出。果实成熟后裂开，种子是红色的，垂在枝头，仿佛在和鸟儿说"快来吃我啊"。

●本篇介绍的均为卫矛科植物。

栗耳短脚鸭正在吃红色的南蛇藤种子

小卫矛
枝上没有翅。

果皮
种子
枝叶长出软木质的翅。

卫矛
树叶在秋天变红，像锦缎一样。●落叶树 ●1～2m ●5～6月 ●6～8mm ●10～11月 ●山野 ●庭院树

花枝

雌蕊长短不一。

果实
果实有角。
果枝

西南卫矛
过去，这种树的木材被用来制作弓。粉色的果实裂开，朱红色的种子露出来，悬挂在树枝上。●落叶树 ●3～10m ●5～6月 ●1cm ●1cm ●庭院树

也有果实颜色更深的。

果实圆润。

果实

黄心卫矛
果实有翅。

垂丝卫矛
生长于山中。花、果实均悬挂在树枝上。●落叶树 ●1～4m ●5～6月 ●8mm ●9～10月 ●1cm ●山地 ●装饰茶室、庭院

果枝

果实
种子
果枝

冬青卫矛
生长于海岸边的植物，叶片厚且有光泽。●常绿树 ●2～6m ●6～7月 ●7mm ●11月～次年1月 ●8mm ●树篱、庭院树

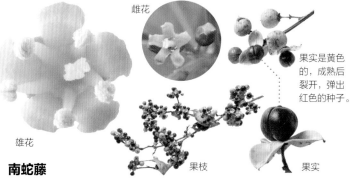

雌花

果实是黄色的，成熟后裂开，弹出红色的种子。

雄花

南蛇藤
藤本植物，叶片形状像梅花。有雌株和雄株。●藤本落叶树 ●5～6月 ●6mm ●10～12月 ●7mm ●干花

果枝
果实

翅
果实

花的侧面

果枝

两性花

花序中夹杂着雄花

雷公藤
果实有翅，借助风力传播。●藤本落叶树 ●7～8月 ●6mm ●9～10月 ●1.5cm ●山野草地、路边

雄蕊一枚接一枚成熟

多枝梅花草（卫矛科）是生长于山中的多年生草本植物。其花和梅花很像，有5枚雄蕊，逐枚成熟后，雌蕊长出。

吸引昆虫的假雄蕊

高10～30cm；叶片呈心形。

雄蕊成熟。

假雄蕊顶端圆润，有光泽，能吸引昆虫。

雄蕊

只有1枚雄蕊向上直立。

➡

雌蕊

雄蕊全部成熟后，雌蕊长出。

😊 西南卫矛的果实中含有少量生物碱，人食用后会中毒，但鸟类食用后不会中毒。

卫矛科

93

葫芦、秋海棠 和它们的近亲

葫芦科植物雌雄异株，雌花凋谢后子房慢慢膨大变成果实。黄瓜、南瓜、西瓜均是葫芦的近亲。秋海棠既开雌花又开雄花，雌花膨大的子房上有三角形的翅。

正在啄食王瓜果实的栗耳短脚鹎

花瓣呈非常细的丝状。

雄花

花呈细长的管状，正贴合甘薯天蛾口器的形状。

雌花的中心

有雌株和雄株。

子房膨大变圆。

雌花

果实内部结构。果肉黏稠，成熟后变软变甜，会被鸟类吞食。

嫩果实有绿色条纹。　变黄。　成熟后变红。

王瓜（葫芦科）

花在夜间散发出清香的味道，吸引飞蛾。花只开一天，日落后以肉眼可见的速度开放，清晨闭合，和栝楼一样。●多年生草质藤本 ●8～9月 ●10cm ●10～12月 ●5～7cm

雄花

有雌株和雄株。

花瓣比王瓜的略粗。

雄株

雌花

有尖刺。

果实颜色为黄色，成熟后也不会变成红色。

雄花

雌花

繁殖能力强，遍布山野。

栝楼（葫芦科）

其根部提取出的淀粉，曾被用来制作婴儿痱子粉。●多年生藤本 ●7～9月 ●8cm

刺果瓜（葫芦科）

原产于北美洲。●一年生草质藤本 ●8～9月 ●1cm ●1cm ●河滩

各种各样的葫芦

蛇瓜
果实长得像蛇。嫩果实可作为蔬菜食用。●一年生藤本 ●7～9月 ●30～100cm ●原产于印度

喷瓜
成熟后的果实受内部水压作用从叶柄脱落，弹出种子。●一年生草本 ●5cm ●原产于地中海沿岸

小雀瓜
果实成熟后内部水压上升，果实破裂，弹出种子。●一年生草本 ●5cm ●原产于哥伦比亚

翅葫芦
头盔状的果实裂开，带翅的种子像滑翔机一样飞起。●25cm ●原产于印度尼西亚

圆润的雄蕊较显眼。

雄花

雌花

秋海棠（秋海棠科）

园艺植物。●多年生草本 ●9～10月 ●3cm

雄花有4片花瓣，雌花有5片花瓣。

雄花

雌花

四季秋海棠（秋海棠科）

叶片厚，嚼起来有酸味。●多年生草本 ●4～11月 ●2～3cm

花凋谢后，内侧花瓣会鼓起。

雌花　雄花

成熟后逐渐变红，最后变黑。

果实

看起来像果肉的部分，实际是鼓起的花瓣。

日本马桑（马桑科）

不仅果实，整株植物都有剧毒。●落叶树 ●1m ●4～5月 ●3mm ●6～8月 ●1cm ●剧毒

●生活型 ●高度 ●花期 ●花径 ●果期 ●果径 ●原产地及分布 ●生境 ●利用价值 ●毒性

用果实制作灯

我们可以用王瓜、心叶大百合、挂金灯的果实，来制作好看的灯。
此外，还能用其他许多果实来制作灯。※ 玩过之后记得把灯熄灭。

王瓜的
果实

王瓜灯

制作方法

❶ 用胶带将 3V 的 LED
灯固定在 3V 的纽扣电
池上。

※ 将 LED 灯长端连接到纽扣电
池的正极，短端连接到负极，灯
会亮。

❷ 将 LED 灯朝上弯
折，呈别针形状。

※ 建议选择尺寸较大的纽
扣电池，方便固定。

❸ 将王瓜果实掏空，
罩住 LED 灯。

※ 小心放置，尽可能避
免损坏果皮。

❹ 完成。
以相同的方法用
挂金灯果实来制
作灯吧。

用王瓜果实制作的灯

挂金灯的果实

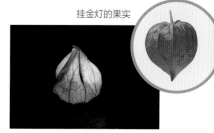

用挂金灯果实制作的灯

心叶大百合灯

制作方法

2 节干电池

导线

LED 灯电线（带电阻）
※ 按果实数量准备。

带开关的 2 节
干电池盒

黏土

心叶大百
合果实

❶ 准备干燥后的心叶大百合果实、带开关的干
电池盒、带导线的 LED 灯或小灯泡。

※ 电池电压不够则无法发光，购买时应注意。

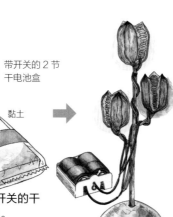

❷ 如图所示布线，将
LED 灯装入心叶大百
合果实中。用黏土制作
基座，使茎部立起。

※ 将导线与开关连接。红色为
正极，蓝色为负极。

※ 如果有不清楚的地方，可以
向店员咨询。

❸ 打开开关，灯就做好了！

心叶大百合的果实

用心叶大百合果实制作的灯

 黄瓜、南瓜等都是葫芦科植物。黄瓜的绿色嫩果实可食用，成熟后颜色变成黄色或橙色。

白桦和它的近亲

白桦和它的近亲们都是落叶树，生长于光照充足的山野。它们先开花，后长叶。
花是风媒花，在早春盛开，没有花瓣。雌花长在枝头，雄花序垂挂在枝条上。
种子可借助风、动物、水来传播。

●本篇介绍的均为
桦木科植物。

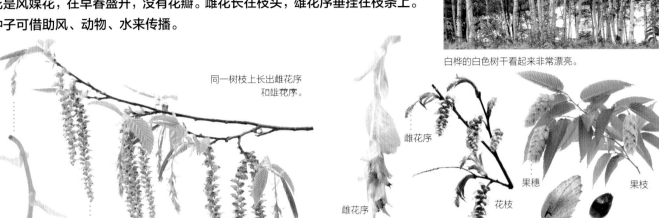

白桦的白色树干看起来非常漂亮。

同一树枝上长出雌花序
和雄花序。

雄花序

翅

雌花序　剥开翅后
的种子　　1 枚果实

果穗

昌化鹅耳枥
常见于混交林。果实逐个旋转飘落。●落叶树●10～15m●4～5
月●果穗长 4～12cm●10～11 月

雌花序

雄花序　花枝

果穗　果枝

翅　剥除翅后的种子

日本鹅耳枥
果穗上的苞片在秋季逐片掉落。●落叶树●15m●4 月●果穗长
5～10cm●10～11 月●混交林

挂在神社的纸垂

日本神社里挂着的
这种白色纸条叫作
纸垂，通常挂在常
绿树或稻草绳上。
鹅耳枥的雄花序与
其相似。

雌花序　　翅

雄花序　花枝　果实

起风时，
花粉飞
起来。

像松果一
样，种子储存在间隙中。

果穗

桤木
桤木及日本桤木与根部的菌类共生，菌类为树木提供生长所需的养
分，所以这些树木在贫瘠的土壤中也能生长。●落叶树●3～4 月●果
穗长 1.5～2cm

果实借助水
力传播。

嫩果穗

雌花序　雄花序　果穗

果实

像松果一样，种
子储存在间隙中。

日本桤木
生长于湿地及水边，早春长出红色花序。●落叶树●15～20m
●11 月～次年 4 月●果穗长 1.5～2cm●10 月●染料

雌花序

雄花产
生的大量
花粉是一
种过敏原。

雌花序　雄花序

白色树皮剥落后的样子。

翅

果穗　果实

白桦
生长于北方高原地区，白色树皮很漂亮。花粉会使人过敏。●落
叶树●10～25m●4～5 月●果穗长 3～4.5cm●庭院树

雌蕊　雌花序

雌花序　雄花序

果枝。果实被角
状的苞包裹。

角状苞。
有毛。

角状苞内部　果实

长喙榛
被角状苞包裹的果实，成熟后是一种美味的坚果。●落叶树●2～
3m●3～4 月●雌花序 5mm●9～10 月●1cm

胡桃、杨梅和它们的近亲

胡桃科和杨梅科植物通常是单性花，花均为风媒花，没有花瓣。胡桃和杨梅的叶片、果实形状均不同。但是它们的雌花形状完全一样，柱头都分裂成2枚；雄花数量从几朵至数十朵不等，聚集成穗状。

搬运胡桃的松鼠

表面粗糙，容易捕获花粉。

柱头呈红色，分裂成2枚。红色能够阻挡紫外线。

雌花

雌花序

雄花

雌花序长在枝叶的顶端，雄花序长在靠下的位置。

开花时的枝条

雄花序

果皮厚。果实的柄是肉质的。

果实

成熟后颜色变成褐色，脱落。

果枝

剥去一半果皮的样子。

不是种子而是果实（坚果）。

可食用部分（子叶）

正在取出胡桃楸果实中的果仁。

胡桃楸（胡桃科）
一种野生胡桃。种子被坚硬外壳包裹。●落叶树●7~10m●5~6月●7~8mm（雌花）●9~10月●3~4cm●山中沼泽、河滩

找找松鼠和姬鼠吃过的胡桃吧！

松鼠和姬鼠吃胡桃的方法是不一样的，试着找找有哪些不同吧。

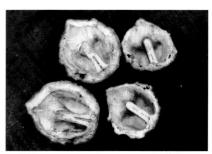

松鼠从果实接合的位置剥开吃。

姬鼠从果实两侧打孔来吃。

姬鼠是生活在森林中的小型鼠类。

因火灾而提高繁殖率的木麻黄

木麻黄（木麻黄科）原产于澳大利亚，外观与松树相似。遇到山火时果实会裂开，种子随即弹出。这种植物容易引起山火，是澳大利亚的特有植物。

柱头表面粗糙。

雌花序

雌花枝

雌花

花苞。包住雌花的子房。

果实

果枝

果实的表面像沾满了小珠子一样。可食用的部分是由子房壁发育而来的。

杨梅果汁。杨梅果实可直接食用，也可制作果汁。

雄花

雄花序

雄花枝

杨梅（杨梅科）
常见的行道树。有能结出较大果实的栽培品种。●常绿树●6~10m●3~4月●2mm（雌花）●6月●1~2cm●温暖的沿海森林

聚合果

胡桃的近亲，和松树长得很像。

种子

被山火烧过的木麻黄

日本桤木的果穗坚硬、结实，适合用作某些节日的装饰物。过去，人们将树皮作为黑色染色剂印染布料。

枹栎和它的近亲

●本篇介绍的均为
壳斗科植物。

嘴里塞满橡果的花鼠

枹栎和它的近亲们的花多为单性花,雄花没有花瓣和花蜜,借助风力传播花粉。它们的果实叫橡子,外壳坚硬,是松鼠和姬鼠喜欢的食物,那些没有被吃掉的会发芽并长成新的植株。

雌蕊的残留物

雌花序位于枝叶顶端。

雌花序

1朵花

雌花

小苞片鳞状排列

果实(橡果)

雄花。花与叶同时长出。

壳斗由总苞片变化而来,具有保护嫩果实的作用。

雄花序下垂。

花枝

雄花序

蒙古栎

一种常见于寒冷地区的橡树。●落叶树 ●30m ●5月 ●雌花 3mm、雄花 4mm ●当年秋天 ●威士忌的酒桶等

小苞片鳞状排列

果枝

从橡果的下面看。

壳斗

果枝

枹栎

与麻栎一样,是混交林中的代表树种。●落叶树 ●20m ●4~5月 ●雌花 3mm、雄花 4mm ●当年秋天 ●木头用来栽培香菇

偏白色。

木材质地坚硬,炭化后是最高级的备长炭(日本的一种木炭)。

小苞片鳞状排列

壳斗浅。

果枝

乌冈栎

生长于温暖海岸的常绿橡树,可作为绿篱种植。●3~10m ●4~5月 ●雌花 3mm、雄花 3mm ●次年秋天

嫩果实

壳斗乱蓬蓬的。

果枝

麻栎

混交林中的代表树种,先开花,后长叶。●落叶树 ●15m ●4~5月 ●雌花 2mm、雄花 4mm ●次年秋天 ●木头用来栽培香菇

叶片可用来包裹食物。

壳斗乱蓬蓬、干巴巴的。

果枝

槲树

大叶片枯萎之后,仍然留在枝头,直至次年春天。●落叶树 ●15m ●5~6月 ●雌花 2mm、雄花 4mm ●当年秋天

比一比橡果的大小

※所示为橡果较常见的大小。

1cm

尖叶栲
0.6~1.2cm

赤皮青冈
1.2~2cm

圆齿水青冈
1.5cm

长果锥
1.5~2cm

青冈
1.5~2cm

云山青冈
1.5~2cm

白背栎
1.2~2cm

小叶青冈
1.5~2cm

枹栎
1.5~2.2cm

乌冈栎
2cm

赤栎
2cm

槲树
1.5~2.5cm

麻栎
2~2.5cm

栓皮栎
2~2.5cm

柯
2cm

槲栎
2~2.5cm

可食柯
1.5~2.5cm

蒙古栎
2~3cm

板栗
3cm

冲绳里白栎
3.5cm

●生活型 ●高度 ●花期 ●花径 ●果期 ●果径 ●原产地及分布 ●生境 ●利用价值 ●毒性

橡果的成长日记

橡树在春季至夏季授粉，之后开始结果。有的橡树果实在当年秋季就能成熟，如枹栎，有的要到次年秋季才成熟。

枹栎及其近亲的花是依靠风力传播花粉的风媒花。长长的雄花序产生花粉。

橡果的成长轨迹（枹栎）

 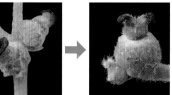 

5月2日	5月28日	6月16日	7月20日
果实开始隆起。	壳斗形成。	整体变长。	壳斗的花纹显现。

8月5日	8月28日	10月10日	10月15日	秋季长出根。
橡果从壳斗里露出。	橡果变大。	壳斗显得很小。	成熟后颜色变成褐色。	春季开始发芽。

壳斗毛茸茸的，上面有环带。

叶片边缘没有锯齿。

赤栎
常绿栎树的近亲，叶片边缘无锯齿。 ●常绿树 ●20m ●5～6月
●雌花3mm、雄花3mm ●次年秋天 ●山坡

环带之间有空隙。

叶片聚集于树枝顶端。

果枝

云山青冈
常绿栎树的近亲。木材质地紧实，用来制作乐器或支柱。 ●20m
●5月 ●雌花3mm、雄花4mm ●次年秋天 ●山地杂木林

环带

仅叶片前端有锯齿。

果枝

青冈
常绿栎树的近亲。橡果小且圆。 ●4～5月 ●雌花3mm、雄花4mm
●当年秋天 ●木材、食物。

偏白色。

叶片细。

环带

果枝

小叶青冈
常绿栎树的近亲。叶片比青冈的小。 ●常绿树 ●20m ●5月 ●雌花
3mm、雄花4mm ●当年秋天

顶端尖。

叶片背面有浅色的毛。

果枝

赤皮青冈
常绿栎树的近亲。橡果小。 ●常绿树 ●30m ●4～5月 ●雌花3mm、
雄花4mm ●当年秋天

昆虫产卵的摇篮

橡果中含有大量的营养物质。象甲等昆虫会在橡果中产卵，幼虫会食用橡果。

从橡果中钻出来的象甲幼虫

象甲用它那长长的口器在橡果上打孔，之后在里面产卵。

长果锥、柯和它们的近亲

●本篇介绍的均为壳斗科植物。

日本栗、锥、柯等植物的花都是白色的，散发出难闻的味道，但这种气味能够吸引昆虫飞来采蜜，花粉因此得以传播。日本栗的壳斗上有尖刺。

吸食日本栗花蜜的花金龟

刺也是壳斗的一部分。

无须除涩即可食用。

果实呈锥形。

壳斗像花瓣一样展开。

果枝

雌花。根部的总苞中有3朵雌花。

雄花。花序上有较多的花开放。

雌蕊的残留物

雌花

雄花

果枝

雄花

花的形态和香味

壳斗科植物的花有两种形态。花下垂：花没有香味，依靠风力传播花粉，比如麻栎。花不下垂：花散发味道吸引昆虫来传播花粉，比如日本栗。

麻栎。枝条下垂。

日本栗。枝条不下垂。

美味的板栗饭

花枝

日本栗
圆球状的壳斗在果实成熟后裂开，露出果实。●落叶树●17m
●6~7月●8mm（雌花）、3mm（雄花）

尖叶栲
结出的果实比长果锥的小。

长果锥
主要分布在日本南方的森林中。
●常绿树●20m●5~6月●9mm（雄花）

果实

呈三角形，有棱角。

雄花

借助风力传播花粉。

雄花序

果枝

黑熊爬上圆齿水青冈摘果实吃，会把圆齿水青冈的树枝压低。黑熊离开后，树上会留下鸟窝状的痕迹。

有2朵雌花。

花枝

雌花

圆齿水青冈
主要分布在日本北方的森林中。橡果是森林中动物的重要食物。
●落叶树●30m●5月●1.5cm（雌花序）、5mm（雄花）●山地

蜜蜂在采集花蜜。

雌花

没有柄。

小苞片鳞状排列

嫩果枝

花枝

可食柯
橡果微甜，不用除涩就能食用。●常绿树●15m●6月●3mm（雌花）、1cm（雄花）●公园树

表面有白色蜡质物，摩擦后发光。

壳斗浅杯状

壳斗不会脱落

底部凹进去。

长出嫩橡果的树枝

柯（石栎）
与可食柯是近亲。●常绿树●15m●9~10月●3mm（雌花）、8mm（雄花）●2cm●手工艺品、项链

●生活型 ●高度 ●花期 ●花径 ●果期 ●果径 ●原产地及分布 ●生境 ●利用价值 ●毒性

用橡果和牙签制作木偶。
头部用木工胶水或手工热熔枪等黏合。

用橡果制作玩具

本篇介绍用橡果制作玩具的方法。橡果的种类及形状各异，思考怎样用橡果制作出不同的玩具，也会带给我们创造的乐趣。

陀螺和平衡玩具

制作方法

用刀将牙签的顶端削尖。
※ 在大人的帮助下进行。

❶ 用个头儿较大的橡果（如麻栎果实）制作陀螺中间的部分。

❷ 将牙签顶端削尖，插入个头儿较小的橡果（如小叶青冈果实）中，制作陀螺周围的部分。

❹ 改变大橡果的种类，等距插入两个步骤❷的成品，平衡玩具制作完成。

❸ 用钻头在较大的橡果上开孔，取4个或5个步骤❷的成品等距插入，陀螺就制作完成了。

快速转动！

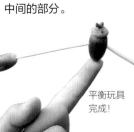

平衡玩具完成！

在橡果陀螺上涂上颜色做好标记，和小伙伴比一比，看谁的转得久，也非常有趣。

将各种橡果组装在一起，制作陀螺吧。

橡果美食

大多数橡果有涩味，但板栗的涩味较小，简单处理后即可食用。
※ 在大人的帮助下使用火。

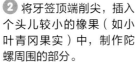

❶ 收集板栗，仔细清洗，沥干水分，然后在每一颗板栗上开一条长长的口子。
※ 在大人的帮助下开口。

❷ 将板栗放入锅中，加入盐一起翻炒。炒制的过程中要不停地翻搅。

❸ 炒至颜色稍稍变深，板栗裂开即可。
※ 板栗刚炒完非常烫，稍稍冷却后将壳剥开食用果肉。

板栗烧饭。板栗还可以用来制作菜肴。

无花果、桑树和它们的近亲

桑科

●本篇介绍的均为桑科植物。

无花果和天仙果的果实都是榕果，呈口袋状，内壁上长着花朵。蜂类会吃掉一部分花，并将花粉传送到其他花上。桑树的花沿着花轴聚集生长，结出味道甘甜的聚合果。

雌蕊

1 朵花

榕果

榕果中有许多花。

花

榕果的切面

果实中有许多颗粒，吃起来沙沙的。

成熟后的果枝

成熟果实（果囊）的切面

成熟的果实味道甜美，可食用。图中为无花果干。

无花果

过去的人以为这种植物不开花也能结出果实，所以把它叫作"无花果"。●9 ~ 10 月 ●榕果 5cm ●原产于西亚

在吃无花果的蜘蛛猴

嫩榕果 入口

雌榕果

雄榕果

榕小蜂的翅膀

授粉后的榕果

榕小蜂钻入雄榕果。

成熟后分泌出透明的花蜜。

里面的雄花成熟时，雄榕果打开出口，榕小蜂携带花粉飞出。

成熟后变黑。

里面长出种子

成熟的雄榕果

成熟榕果的切面

大多羽化的榕小蜂

成熟的榕果，味甜。

榕果枝

天仙果

雌株的榕果成熟后味道甘甜，是鸟类或猴子爱吃的食物。雄株的榕果中住满了虫子。●花期一整年 ●10 ~ 11 月 ●榕果 2cm ●食用

雌蕊比桑的长

雌花

雌株的树枝

果枝

聚合果。成熟后变黑。

雌蕊

鸡桑

野生桑树，叶片是蚕的食物。果实小，成熟后味道甘甜。●落叶树 ●3 ~ 15m ●4 ~ 5 月 ●6 ~ 7 月 ●1.5cm ●食用

雌花序

楮

枝叶底部为雄花序，顶端为雌花序。●落叶树 ●3m ●4 ~ 5 月 ●1cm ●深山树林

雌蕊

雄花

4 枚雄蕊。

雄株的树枝

雌花

果枝

聚合果。成熟后变黑，可食用。

桑

叶片是蚕的食物。果实大，味道甘甜。●落叶树 ●4 ~ 5 月 ●6 ~ 7 月 ●2 ~ 3cm ●原产于中国 ●食用

聚合果。成熟后颜色变成朱红色，味道甘甜。

雌花序

果枝

楮构

楮和构树的杂交品种，有雌株和雄株。●落叶树 ●2 ~ 5m ●4 ~ 5 月 ●1.5cm

制作纸的树

楮构和结香（→ P77）的树皮韧性很强，是制作纸的原料。

剥下的树皮，是制作纸的原料。

朴树、榆树和它们的近亲

大麻科和榆科植物多为高大乔木。花为风媒花，如朴树、糙叶树的雄蕊能产生大量花粉，部分花粉被风吹散后，会落在雌蕊柱头的软毛上。果实有的被鸟类啄食，有的被风吹落。

正在朴树上产卵的大紫蛱蝶

雌蕊退化。

雄花

雄蕊打开，花粉飞出。

花的侧面

两性花

果枝

…雌蕊

果实。颜色逐渐变红。

枝叶底部是雄花，顶端是两性花。

朴树（大麻科）

树木高大，果实成熟后味道甘甜，可食用。●落叶树 ●20m ●4月 ●9～11月 ●6mm ●公园树、家具、食用

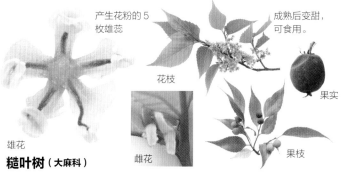

产生花粉的5枚雄蕊

花枝

雄花

雌花

成熟后变甜，可食用。

果实

果枝

糙叶树（大麻科）

叶片纸质，非常粗糙。果实成熟后变黑。●落叶树 ●10～20m ●4～5月 ●10～11月 ●1cm ●家具、木碗

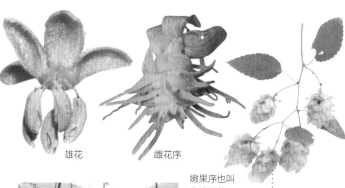

雄花

雌花序

嫩果序也叫作啤酒花，是酿造啤酒的原料。

黄色部分有苦味。

啤酒花田

啤酒

果序

啤酒花（大麻科）

藤本植物，在高原等地种植。果序可为啤酒增添苦味。●多年生草质藤本 ●7～8月 ●啤酒花2.5～4cm ●原产于欧洲

雌花

花枝

果实…

多数着生于分枝上，零星的几朵着生于主枝上。

果枝连着果实，整枝被风吹落。

雄花

榉树（榆科）

是行道树。树形像一把倒立的扫帚。●落叶树 ●30m ●4月 ●11月 ●3mm ●家具、工艺品

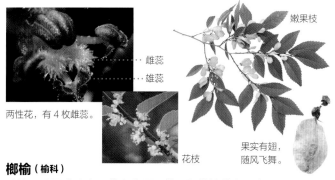

雌蕊

雄蕊

两性花，有4枚雌蕊。

花枝

嫩果枝

果实有翅，随风飞舞。

榔榆（榆科）

种植于公园或路旁。花在秋季开放，很快能结出果实。●落叶树 ●5～15m ●9月 ●11月 ●1cm ●行道树、公园树

可用来制作丝线的青叶苎麻

青叶苎麻（荨麻科）是生长于山野的多年生草本植物。茎部的皮能够制作丝线。这种丝线可织成布。

雌花聚合成球状，丝状的柱头伸长。

花

用青叶苎麻织成的越后上布（日本的一种布料），非常有名。

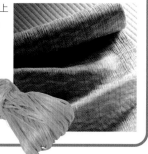

青叶苎麻丝线

网丝蛱蝶是蛱蝶科的一种蝴蝶，有类似石墙的花纹，它的幼虫以天仙果为食。

枣和它的近亲

●本篇介绍的均为鼠李科植物。

鼠李科植物的花小，呈星形，有 4 片或 5 片花瓣，能吸引口器较短的蜂类和食蚜蝇来吸食花蜜。该科植物果实的形状和种子的传播方式各不相同：枣的种子主要通过哺乳动物传播，总花勾儿茶和日本鼠李的种子则是靠鸟类传播。

子房。
膨大之后变成果实。

开始开放的花

树枝上有刺。

枣的果实可食用，且漂亮，因此常被种植在庭院里。

果实成熟后的口感与苹果相似。

干燥后的红枣。
果实可食用或者入药。
人们常将枣与海枣（→ P162）混淆，其实它们是不同的植物。

枣
果实可食用或入药。●落叶树●6 ~ 7 月●5mm●10 ~ 11 月●2 ~ 3cm
●原产于中国●药用、食用、家具

果实　　切面

果实未成熟时的颜色是红色的，成熟后变黑。红色和黑色更能吸引鸟类。

果实

总花勾儿茶
藤状落叶树，果实成熟后颜色由红变黑。●7 ~ 8 月●3mm
●夏季●5 ~ 7mm●山林●直接食用（果实）

花

果实的形状很像猫的乳头，由此得名。

猫乳
果实成熟后颜色由红变黑。
●落叶树●5 ~ 8m●5 ~ 6 月
●3.5mm●1cm●山地

果实

果轴

花洞谢后，果轴变粗，口感与葡萄干相似。

花枝

北枳椇
果轴肉质，味道甘甜。狸猫等动物会把果轴连同果实一起吃掉。
●落叶树●20m●6 ~ 7 月●7mm●11 ~ 12 月●7mm●山地

日本鼠李
树枝上有刺。有雌株和雄株。
●落叶树●4 ~ 5 月●4mm
●10 月●6 ~ 7mm●泻药

长叶冻绿
果实成熟后颜色由红变黑。
●落叶树●3 ~ 4m●6 ~ 7 月
●5mm●6mm●湿地

试着咀嚼枣的叶片
咀嚼枣的叶片，使其和舌头充分接触。叶片中含有一种甜味抑制剂，那是一种淡化甜味的物质。因此，在咀嚼叶片之后的一段时间内，舌头尝不出甜味。

砂糖　　花期的枣

雌花　雄花

鼠李
生长于山坡林下、灌丛或林缘等处。
有雌株和雄株。●落叶树●5 ~ 6 月
●5mm●10 月●8mm●山地●拐杖

种子借河流传播

果实

马甲子
种子榨油可制烛，濒临灭绝。
●落叶树●3m●7 ~ 9 月●5mm
●1 ~ 2cm

胡颓子和它的近亲

胡颓子科植物的叶片、嫩枝及果实的表面都覆盖着鳞片，像云母（一种晶体矿物）一样具有光泽。花萼看起来很像花，花的基部膨大后变成果实。该科一些植物的果实成熟后变红，有涩味，但大多数植物的果实味道甘甜，可食用。

●本篇介绍的均为胡颓子科植物。

木半夏。果实成熟时，颜色变红，能够吸引鸟类。

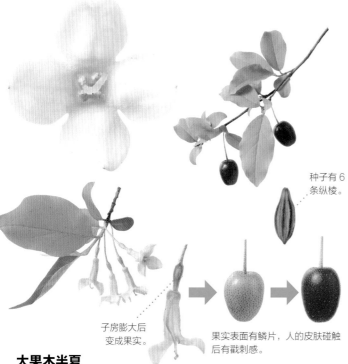

种子有6条纵棱。

子房膨大后变成果实。

果实表面有鳞片，人的皮肤碰触后有戳刺感。

大果木半夏
木半夏的栽培品种，果实更大。●落叶树●4m●4～6月●6～7月●1.5～2.5cm●庭院树、果树

值得关注的水果——沙棘

沙棘又叫酸刺、黄酸刺，广泛栽植于欧亚大陆。果实因营养价值高深受人们喜爱。果实富含油分。

俄罗斯的邮票

油

化妆品

装饰蛋糕

果汁

分布在俄罗斯海岸沙地上的野生沙棘，被印在了邮票上。

木半夏
花朵芬芳，果实有涩味和甜味。●落叶树●4～5月●1cm●5～6月●1.5cm●食用

花香四溢，常有凤蝶在枝头飞舞。

牛奶子
果实在秋季成熟，颗粒小，有甜味。●落叶树●4～5月●3～5mm●9～11月●6～8mm

圆叶牛奶子
生长于海岸，是牛奶子的变种。●4～5月●1cm●10～11月●8mm●原产于日本

大叶胡颓子
生长于海岸，果实在春季成熟。●常绿树●10～11月●0.5～1cm●4月●1.5～2cm●海岸

胡颓子
常绿树，常作为公园绿篱栽植。●10～11月●6～7mm●4～5月●1.5cm●庭院树

蔓胡颓子
藤本植物，生长于温暖地区的海岸。●常绿树●10～11月●4月●1.5cm●海边林地

箱根胡颓子
分布于日本富士山、箱根山周边。●落叶树●5～6月●8mm●6～7月●6mm●原产于日本●山地

鳞片

胡颓子的叶片、果实及树枝表面长有鳞片，有光泽。

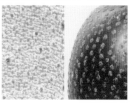
叶片和果实的放大图

沙棘极其耐旱，在贫瘠的土壤中也能生长。中国正在研究利用沙棘进行沙漠绿化种植。

一望无际的沙丘中盛开的玫瑰

花凋谢之后，花萼后面圆圆的部分膨大成果实。

树枝有刺。

用玫瑰果实做的茶，是一种健康的饮品。

玫瑰

多种植于公园等地。花非常漂亮，散发香味，具有观赏价值。●落叶树●1m●6～7月●6～7cm●8～9月●2～2.5cm●海岸沙地●染料（根）、香水（花）

玫瑰和它的近亲

●本篇介绍的均为蔷薇科植物。

玫瑰和蔷薇的花都非常美丽，人们常常栽植这两种植物用来赏花。花店中售卖的蔷薇是世界各地的野生蔷薇经杂交和改良之后的品种。

蔷薇是怎么培育的

蔷薇在世界各地有许多品种。蔷薇花形美观，花有香味，非常适合园艺栽培。目前已有许多园艺品种。人们通过品种改良培育出许多重瓣花品种的蔷薇。

原产于欧洲的野生蔷薇

 犬蔷薇　　 紫叶蔷薇

原产于中东及喜马拉雅山脉的野生蔷薇

 异味蔷薇　　 华西蔷薇

原产于中国的野生蔷薇

 黄蔷薇　　 大花香水月季

花的切面　　重瓣花。花瓣由一部分雄蕊变化而来。

果实像膨胀的刺鲀。

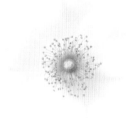

果实

茎部多刺。

叶片有光泽。

果实

花香。

藤本植物，通常种植于拱门或栅栏旁。

山椒蔷薇

分布于日本富士山、箱根山周边。果实布满刺。●落叶树●1～6m●6月●5～6cm●10月●2～3cm●日本●庭院树

野蔷薇

野生蔷薇的代表品种，栽培蔷薇的原种。作为砧木使用。●落叶树●2m●5～6月●2cm●9～11月●7mm●药用、香水

光叶蔷薇

生长于海岸、河滩、荒地。茎沿地面匍匐生长。●落叶树●6～7月●3～3.5cm●10～11月●8～10mm

木香花

藤本蔷薇，无刺，多种植于庭院。也有开白花的品种。●常绿木质藤本●4～5月●3cm●原产于中国

●生活型 ●高度 ●花期 ●花径 ●果期 ●果径 ●原产地及分布 ●生境 ●利用价值 ●毒性

月季的各种品种

月季的种植历史悠久，可追溯至6000年前。最初，月季的花是粉色和白色的，经过不断改良，逐渐出现了黄色、橙色、红色、浅紫色等品种。

花店售卖的彩虹月季，是由白色月季染色而成的。

罗克·普卢斯（Roche Plus）

亚历克斯·普卢斯（Alex Plus）

万叶（Mango）

卡尔普·迪姆·普卢斯（Carpe Diem Plus）

克里斯汀·迪奥（Christian Dior）

瑞德·拉努库拉（Red Ranucula）

侍08（Samurai 08）

黑珍珠（Kuroshinju）

红木谷（Mahogany Vale）

甜丽黛（Sweet Lidea）

淡紫色（Pastel Mauve）

第一夫人（First Lady）

甜蜜的阿巴兰切（Sweet Abaranche）　法国蕾丝（French Lace）

早期的观赏品种

这些蔷薇属植物，是早期用来观赏的栽培品种。特点是花瓣圆润重叠，散发浓烈的香味。

纽约市（City of New York）

拉布特（Raubritter）

完美的影子（Ombree Parfaite）

克里斯汀·迪奥（Christian Dior）是著名时尚设计师的名字。此外，还有以演员加里·格兰特（Cary Grant）、日本上皇后美智子（Princess Mitiko）等命名的月季。

樱花和它的近亲

春天，樱花淡粉色的花瓣全部开放，微风吹过，花瓣随风飘落，就像下雪一样美丽。因此，樱花深受人们喜爱。目前，樱花在世界各地均有栽培。

● 本篇介绍的均为蔷薇科植物。

在日本，樱花盛开代表春天来临。

大量种植于日本本州、四国、九州地区。相对于其他的品种，染井吉野樱在数量上有压倒性优势。

花的内部

花根部存储花蜜。

果实未成熟时是红色的，成熟后变黑，好像在向鸟儿发出信号："你们该来吃我了。"

嫩叶偏红。种植于日本奈良的著名的吉野樱也属于此品种。

日本山樱

叶长出的同时，花开放。在染井吉野樱广泛种植之前，日本山樱曾是日本樱花的代表品种。● 20 ～ 25m ● 4月 ● 3cm ● 山林 ● 家具、乐器

花大，白色。

被花蜜吸引的鸟儿

江户彼岸樱

染井吉野樱的亲本树种。花的直径约为2cm。

树枝

原产于日本伊豆大岛，由此得名。

染井吉野樱

日本江户时代培育出的品种，由大岛樱和江户彼岸樱杂交而来，在现在的日本东京都丰岛区的染井地区种植成功。● 落叶树 ● 3 ～ 4月 ● 3cm

大岛樱

绿色叶片长出的同时，花开放。叶片用盐腌渍后可以用来做樱花年糕。● 15m ● 3 ～ 4月 ● 4cm ● 日本伊豆大岛及其周边 ● 建筑材料、家具

日本冲绳的主要樱花品种。

日本北海道的主要樱花品种。

钟花樱桃

原产于中国的早樱品种。花的颜色绯红色，花萼筒长、下垂。● 8m ● 1 ～ 3月 ● 2cm

大山樱

日本北海道及日本东北地区的樱花代表品种。花的颜色偏深。● 20 ～ 25m ● 5月 ● 3.5cm ● 多见于寒冷地区 ● 山林 ● 家具、乐器

花大。花腌渍后可食用。

日本山形县著名的品种。

果实是水果。

日本晚樱

杂交而来的、花比较大的栽培品种的统称。开花晚，大多为重瓣花。图中的品种叫关山樱。● 4 ～ 5月 ● 4 ～ 5cm

欧洲甜樱桃

欧洲的樱桃品种。果实大，成熟后变甜。● 20m ● 4 ～ 5月 ● 2.5cm ● 6月 ● 1.5 ～ 2.5cm ● 水果

樱花的园艺品种

将不同品种的樱花杂交，培育出了染井吉野樱、枝垂樱、里樱等品种。这些杂交种的亲本就是前面介绍的大岛樱、日本山樱、江户彼岸樱等。

江户彼岸樱
寿命长，能长成大型树。

钟花樱桃
花期早，天气寒冷的时候就能开花。

日本晚樱
大岛樱及日本山樱等的杂交种。

日本青森县弘前城的枝垂樱和八重红枝垂樱。和白天相比，夜晚观赏樱花别具风情。

彼岸樱类 　原种是江户彼岸樱。花小。枝垂樱是代表品种。

| 枝垂樱 | 大叶早樱 | 伊豆吉野樱 | 八重红枝垂樱 | 十月樱 |

钟花樱桃类 　原种是钟花樱桃。花期早。花的颜色大多为深粉色。

| 大寒樱 | 椿寒樱 | 河津樱 | 阳光樱 | 横滨绯樱 |

日本晚樱类 　原种是大岛樱或日本山樱等。花期晚。花大，基本为重瓣花。

| 松月 | 红丰 | 一叶 | 郁金 | 御衣黄 |

麻雀将樱花的花朵撕碎后吸食其花蜜，并不传播花粉。传播花粉的是绣眼鸟、栗耳短脚鹎、熊蜂。

梅、木瓜海棠和它们的近亲

●本篇介绍的均为蔷薇科植物。

梅和它的近亲们的花都有 5 片花瓣和多枚雄蕊。梅的果实可食用，梅花还具有观赏价值，因此，自古以来就被广泛栽培并经历了多次品种改良。

绣眼鸟、蜜蜂正在传播花粉。

这是一种叫作白加贺的白色花品种。

也有粉色及红色的品种，红色的花叫作红梅。

两性花

雄花

两性花有雌蕊。

花无柄，直接开在树枝上。

树枝结出果实。

人们在以前就会用梅的果实来做梅干和梅子酒。

梅

原产于中国，已有 3000 年的栽培历史。有两性花和雄花。●落叶树●5 ~ 10m●2 ~ 3 月●2.5cm●6 月●1.5 ~ 4cm●原产于中国●梅干、梅子酒、梅子汁

梅花的栽培品种

具有观赏和食用价值的栽培品种。同一品种的梅花之间相互传粉很难结果，所以梅园中混杂着许多不同品种。

莺宿　　　　玉牡丹　　　　难忘

道知边　　　杨贵妃　　　绯之袴　　　八重寒红

大杯　　　红千鸟　　　鹿儿岛红　　　唐梅

花浅粉色，和梅花很像。

果实是水果。

嫩叶呈红褐色。

果实是水果。

果实可食用。

果实是一种坚果，里面有很坚硬的仁，炒熟后可食用。

果实

用于观赏的重瓣花品种

欧洲李
小型李，果实可做成干果。

杏
果实成熟后是橙色的。●3 ~ 4 月●2.5cm●6 月●3 ~ 5cm●原产于中国●干果、杏仁豆腐

扁桃
果核中的果仁可食用，且较薄。●2 ~ 4 月●4cm●6 月●原产于西亚●坚果

桃
桃花有很多寓意，如春天、爱情、长寿、弟子等。●落叶树●2 ~ 5m●4 月●5 ~ 10cm●7 ~ 8 月●5 ~ 7cm●原产于中国●水果

李
果实味道比桃酸。●4 月●1.5 ~ 2cm●6 ~ 7 月●4 ~ 5cm●原产于中国●水果

●生活型 ●高度 ●花期 ●花径 ●果期 ●果径 ●原产地及分布 ●生境 ●利用价值 ●毒性

雌蕊

两性花

两性花

花的颜色有白色、粉色、红色等。

两性花

雄花中没有雌蕊。

刺

果实

贴梗海棠
花在早春开放。●落叶树●2m●3～4月●2.5～4cm●7～8月●4～7cm●原产于中国●果酒

雌蕊

两性花

雌蕊

子房

雄花中没有雌蕊。

刺

果实

日本海棠
生长于山野中的草地。●落叶树●30～100cm●4～5月●2.5～3cm●3～4cm●庭院树、果酒

果实

果实

木瓜海棠
果实有清香味，不能直接食用。●4～5月●3cm●10～11月●10～15cm●原产于中国

果实对咽喉有保护的功效，可制作果酒、止咳糖浆等。

花序长约10cm。

果实

稠李
外形与灰叶稠李很像，但花更小，且稀疏。

灰叶稠李
花序很像刷子。用果实做成的酒有杏仁豆腐的香气。●落叶树●15m●4～5月●6mm●8～9月●8mm

果实甘甜味美。

毛樱桃
花和果实具有观赏价值。●落叶树●2～3m●4月●1.5～2cm●6月●1cm●原产于中国●食用（果实）

花瓣细，像古代武将使用的白色令旗。

品种多。果实可食用。

加拿大唐棣
果实味道甜，可食用。●落叶树●12m●4～5月●1.5cm●6月●1cm●原产于北美洲

沙梨的果实

日本梨
沙梨改良后的品种。日本特有的植物。

沙梨
梨的原种。果实小。●落叶树●5～10m●4月●2.5～3cm●9～10月●2～5cm

冬季开的花能够吸引绣眼鸟、蜜蜂来吸食花蜜。

叶片厚。

花序上密集着生着茸毛。

果实上有许多毛。

枇杷
种植于温暖地区。果实美味。●常绿树●11～12月●1cm●6月●4～5cm●原产于中国●水果

贴梗海棠、日本海棠、木瓜海棠等的果实干涩且硬，不适合直接食用，但是它们散发出浓郁的香味，适合做成果酒。

花楸、苹果和它们的近亲

●本篇介绍的均为蔷薇科植物。

蔷薇科植物都有 5 片花瓣和 5 片花萼，雄蕊多数平展。它们的果实成熟后呈红色，顶端有花瓣和雌蕊残留的痕迹。

盛开的苹果花

雌蕊 3 ～ 4 枚。

在日本北海道等地区，作为景观树种植。

叶片像鸟的羽毛。

果实成熟后味道比较苦，不可食用。

叶片在秋季变红。

果实多数聚集在枝头，从远处看非常显眼。

嫩叶呈红色。

果实

光叶石楠

新芽红色，很漂亮。作为绿篱栽植。●常绿树●5m●5 ～ 6 月
●7 ～ 8mm●12 月●5mm●农具的柄、庭院树

鸟类啄食果实。

七灶花楸

生长于光照充足的山野。初夏的白花、秋季的红色果实都具有观赏价值。●落叶树●5 ～ 10m●5 ～ 7 月●7 ～ 11mm●9 ～ 10 月●6 ～ 8mm

欧亚火棘

树枝有刺。果实漂亮。作为绿篱栽植。●常绿树●2 ～ 6m●5 ～ 6 月●7mm●10 ～ 12 月●原产于西亚●庭院树

花开后颜色变白。

果实

花蕾呈粉色。

少裂叶海棠

果实小，味道酸。●落叶树●5m●5 ～ 6 月●2 ～ 3cm●9 ～ 10 月
●6 ～ 10mm●山地●梳子

果实像小苹果。

八棱海棠

种植于庭院。花及果实具有观赏价值。●5 ～ 6 月
●4cm●2cm●原产于中国●食用（果实）

垂丝海棠

常作为庭院树。

果实是水果。

花蕾呈粉色。

苹果

花朵芬芳，果实可食用。●5m●4 ～ 5 月●3 ～ 4cm●10 ～ 11 月
●4 ～ 12cm●原产于欧洲至西亚地区●水果

观赏果实的园艺植物

果实

平枝枸子

树枝低矮，生长于山岩及山坡多石地。
●常绿树●5mm●原产于中国

什么样的果实可以吃？

树上结出的那些颜色各异、如宝石般泛着光泽的果实都被谁吃了？鸟类选择食用的果实通常色彩鲜艳，且种子被厚厚的果肉包裹；兽类选择食用的果实通常味道甘甜、清香。看看下面的果实，比一比它们的大小吧。

北红尾鸲食用的欧亚火棘比它的嘴稍大。

树上结出的果实大小对比

绣眼鸟的食物
绣眼鸟的体形小，嘴也小，专门食用小颗粒果实。种子会随着鸟儿的粪便排出。

| 日本紫珠 | 日本花椒 | 西南卫矛 | 草珊瑚 | 细齿南星 |

北红尾鸲的食物
北红尾鸲食用的果实和它的嘴的大小相当。种子无法被消化，随粪便排出。

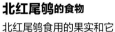

这个是果实

海州常山　野蔷薇　木防己　野漆

大斑啄木鸟的食物
大斑啄木鸟会食用富含油脂的果实。

日本辛夷

斑鸫的食物
斑鸫的体形比北红尾鸲稍大，吃蚯蚓或树木的果实。生活在林地中的白腹鸫是斑鸫的近亲，它们吃同样的果实。

| 少裂叶海棠 | 麦冬 | 七灶花楸 | 朱砂根 | 欧亚火棘 |

栗耳短脚鹎的食物
栗耳短脚鹎吃果实的时候会"哔哔"地鸣叫。它的体形较大，大颗果实也能吞下。

糙叶树　楝　狗木　青木

赤腹山雀的食物
赤腹山雀能啄开坚果坚硬的外壳，还会带走一部分果实存起来。

野茉莉　日本榧

松鼠的食物
松鼠吃坚果，它们还会储存一部分果实。

红松　橡子　日本栗　胡桃

猴子的食物
猴子喜欢吃味道甜的果实。种子随粪便排出。

日本四照花　杨梅　梅　枇杷　柿

热带水果成熟后会散发出香甜的气味，吸引动物来食用。

猩猩的食物
猩猩生活在热带雨林，吃热带水果，并传播种子。

榴梿

林投

草莓、木莓和它们的近亲

●本篇介绍的均为蔷薇科植物。

蔷薇科植物的一朵花中有多数雌蕊。草莓、蛇莓雌蕊的基部（花托）膨大，形成聚合果，一颗颗小果实形似种子。树莓等植物的雌蕊较粗，果实也是聚合果，味道甘甜。

草莓及日本野草莓的果实表面有小颗粒，看起来像种子。

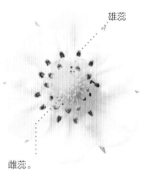

雄蕊

雌蕊。
约有 200 枚。

和其他植物的可食用部位不同。

切面

果实不膨大。

花托膨大。

小果实一颗颗膨大。

花托

草莓、蛇莓
可食用的是花托，即雌蕊的基部附近。

木莓的近亲
可食用部分为膨大的小果实聚合体（聚合果）。

果实比日本野草莓的更细长。

草莓的发育过程

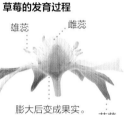

雄蕊　　雌蕊

膨大后变成果实。　　花萼

雌蕊残留物

1 颗果实

授粉后开始发育，花托膨大，表面变成颗粒状。

膨大后，多颗草莓重叠在一起下垂。

和草莓的味道很像。

草莓
在欧洲改良而成的杂交品种，亲本是原产于美国的 2 种野生品种。●多年生草本●10 ～ 25cm●1.5cm●4cm（长）●田地●水果

日本野草莓
野生草莓。是草莓的近亲，和草莓很像。●多年生草本●5 ～ 7 月●1.5cm●1.5cm●直接食用

野草莓
生长于欧洲的野生草莓。果实味美。●多年生草本●1.5cm●2cm（长）●原产于欧洲●直接食用、盆栽

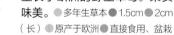

可做成果酱或装饰蛋糕。

大白花能吸引甲虫。

红色时还有酸味，不能食用。

果实

聚合果

喜阴悬钩子
生长于山中，果实成熟后变黑。

成熟后变黑，吸引鸟类食用。

有刺。

山莓
在欧洲经过改良的山莓果树的总称，品种丰富。是一种灌木，树枝有刺。结出味道酸甜的聚合果。●藤本落叶树●1 ～ 1.5m●4 ～ 7 月●1.5cm●7 ～ 9 月●1.5 ～ 2cm●直接食用、果酱

黑莓
原产于欧洲，果实成熟后变黑。●藤本落叶树●2m●5 ～ 6 月●3cm●3cm●6 ～ 8 月●直接食用

蓬蘽
生长于野外。果实味道甘甜。●落叶树●40cm●3 ～ 4 月●3 ～ 4cm●5 ～ 6 月●1cm●直接食用

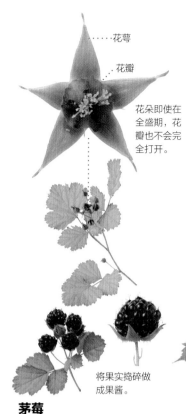

花萼

花瓣

花朵即使在全盛期，花瓣也不会完全打开。

花萼
花瓣

花朵即使在全盛期，花瓣也不会完全打开。

花萼

花萼布满红褐色的毛。

聚合果

花向下开，熊蜂等昆虫会飞来吸食花蜜。

聚合果味道甘甜，成熟后颜色变成橙色。

将果实捣碎做成果酱。

茅莓
沿地面匍匐生长。●藤本落叶树●5～7月●1.5cm●6～8月●1.5cm●山野●直接食用

多腺悬钩子
刺毛密集着生于枝条上。●落叶树●6～7月●2cm（花萼同样膨大）●8月●1cm●山林、路边●直接食用

迷人悬钩子
叶片和玫瑰的很像。●落叶树●50cm●6～7月●4cm●8～10月●2cm●山地●直接食用

橙果悬钩子
果实味道甜美。树枝上有刺。●落叶树●3～5月●2～3cm●山野●直接食用

聚合果，味道甜美，成熟后颜色变成橙色。

叶片厚，有光泽。

没有光泽。

蛇含委陵菜
生长于田边等潮湿的草地。●一～多年生草本●20～30cm●5～6月●1cm

花托膨大，不宜食用。

三叶委陵菜
早春开花。叶子3片一组。●多年生草本●15～30cm●4～5月●1.5cm●山野草地

叶子3片构成一组。

蛇莓
聚合果比皱果蛇莓的大，果实鲜红色，有光泽。

三裂悬钩子
在庭院种植。树枝无刺。●落叶树●3～4月●3～4cm●6～7月●1.5cm●直接食用、花卉

皱果蛇莓
沿地面匍匐生长。果实是聚合果，无味。●多年生草本●4～6月●1.5cm●1cm●原野

莓叶委陵菜
叶片像鸟的翅膀，长有茸毛。●多年生草本●5～30cm●4～5月●1.5～2cm●原野

沼委陵菜
生长于沼泽。花是深紫色的。●7～8月●2.5cm●山中湿地、沼泽

古代中国人认为蛇莓有毒，而且它鲜红的果实很像蛇口，所以取名蛇莓。现已证实蛇莓没有明显毒性，但不能大量食用。

粉花绣线菊、地榆和它们的近亲

●本篇介绍的均为蔷薇科植物。

粉花绣线菊和它的近亲都是小型的落叶树，花的颜色是粉色或白色的，能够吸引成群的小甲虫来取食花蜜。地榆的花很特别，没有花瓣，小花聚集成圆柱体状。

毛叶石楠是种落叶树，高3m左右，常见于混交林。

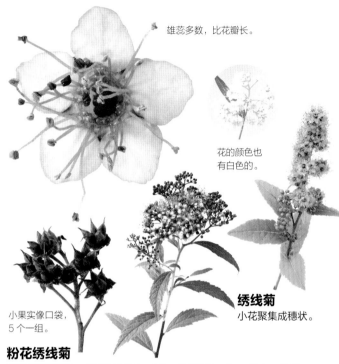

雄蕊多数，比花瓣长。

花的颜色也有白色的。

绣线菊
小花聚集成穗状。

小果实像口袋，5个一组。

粉花绣线菊
多在庭院种植。●落叶树●1m●5～7月●3～6mm●9～10月●2～3mm●山地●庭院树、公园树、盆栽、切花

小花聚集生长。

花瓣4片或5片。

多枝蚊子草
花与粉花绣线菊的相似。叶片与枫叶相似。●多年生草本●30～80cm●7～8月●4～5mm●山地

耳叶蚊子草
多枝蚊子草的近亲，但植株更大。●多年生草本●1～1.5m●7～8月●5mm●原产于日本

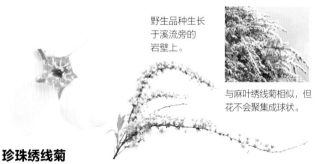

野生品种生长于溪流旁的岩壁上。

与麻叶绣线菊相似，但花不会聚集成球状。

珍珠绣线菊
叶片像柳叶般细长。密密麻麻盛开的小花看起来像雪花。●落叶树●1～2m●4月●5～8mm●溪流旁的岩壁●庭院树

常用来做切花。

通常种植于庭院中。

麻叶绣线菊
小花在枝叶顶端聚集生长，远看呈球状。●落叶树●1.5m●4～5月●7～10mm●6～8月●原产于中国●庭院树、公园树

花非常小。

小米空木
多枚小花开在枝的顶端，形状像米粒一样。●落叶树●2m●5～6月●5mm●9～10月●混交林●庭院树

花朵芬芳。

虫子喜欢黄色的花，因为它们的花蜜多。

花中心的颜色会从黄色变成红色。

厚叶石斑木
叶片革质，很厚。花像梅花。●常绿树●1～4m●4～6月●2cm●10～12月●12mm●海岸●染料（树干）、庭院树、盆栽

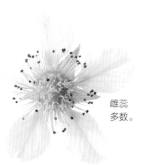

雌蕊
多数。

果实大，
排列紧密。

岩车木，丛生于高山，开花的时间晚，果序的样子像羽毛。

嫩果序。果实生有
长硬毛。

果实排列
稀疏。

龙牙草
多见于平地。
果实有钩刺。
（ → P21）

花朝上竖直开放。

花凋谢后，结出羽毛状的
果序，看上去像风车一样。

冬季的叶片和萝卜的
很像。

日本路边青
茎上有黄色短柔毛和粗硬毛。
●多年生草本●25～60cm●7～8
月●2cm●1.5cm●混交林

日本龙牙草
多见于山中。果实顶端长有钩刺。
植株比龙牙草的细小。　●多年生草
本● 30～50cm●8月●5mm

较低矮。

岩车木
丛生于高山草原，广泛分布于北极地区。花凋谢后雌蕊伸长，在
其根部结出果实。●落叶树●10～20cm●7～8月●2～3cm●高山

重瓣棣棠花
棣棠花的重瓣花品种。

有5片
花瓣。

1朵花能结出
5颗果实。

雄蕊长长地
伸出。

花没有花瓣，
由4片花萼、
4枚雄蕊及1
枚雌蕊组成。

花的放大图

棣棠花
花呈黄色，很鲜艳。●落叶树●1～2m●4～5月●3～5cm●10～11
月●4mm●庭院树、公园树

花没有花瓣，由4
片花萼、4枚雄蕊
及1枚雌蕊组成。

开粉红色花朵的
叫细叶地榆。

有4片
花瓣。

叶片
对称。

4颗果实。
果实坚硬，但样子
很像那种黑色多汁
的果实，所以会吸
引鸟类食用，最终
种子随便被排出。

小花聚集，
从花序顶部
到基部顺次
开放。

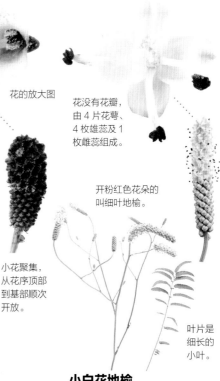

叶片是
细长的
小叶。

鸡麻
种植于庭院。不是棣棠花的园艺品种。　●落叶树●2m●4～5月
●3～4cm●10～12月●7～8mm●庭院树、公园树

地榆
茎在顶端分枝并结出酒红色的花
穗。　●多年生草本●30～100cm●8～
10月●3mm、1～2.5cm（花序）

小白花地榆
长于湿地。花穗呈白色，下垂。
　●多年生草本●80～130cm●8～
10月●5mm、4～7cm（花序）

😊 在日语中，棣棠花叫作"山吹"，由于棣棠花的颜色鲜黄亮丽，所以棣棠花的花色又叫"山吹色"。

车轴草和它的近亲

●本篇介绍的均为豆科植物。

车轴草的花样子很像蝴蝶，上方展开的花瓣吸引昆虫前来觅食。而昆虫的盛宴——花粉和花蜜，却藏在周围闭合的花瓣中。昆虫撑开花瓣吸食花蜜的同时，身上就会沾满花粉，随后会把花粉带到另一朵花上。

紫云英田。拖拉机正在田里播撒紫云英绿肥。

果实成熟后变黑。

花可以用来编织花饰。（→ P74）

根部的瘤状体就是根瘤，根瘤中有根瘤菌。

根瘤

根瘤菌能将空气中游离的氮固定，为植物提供氮素养料促其生长。有根瘤菌的植物可做肥料，即绿肥。

蜜蜂在吸食花蜜。紫云英花蜜的品质极佳。

紫云英
花和莲的很像，花瓣紧凑聚集，非常显眼。●二年生草本●10～30cm ●4～6月●8mm●2cm●原产于中国

果实被干枯的花包住，成熟后下垂。

茎沿地面匍匐生长。

白车轴草
原产于欧洲。●多年生草本●5～10月●4mm●4～5mm

花瓣紧贴在一起，呈长管状。熊蜂等昆虫会来吸食花蜜。

种子掉落后长成新植株。

红车轴草
一种牧草，已野生化。●多年生草本●20～40cm●5～8月●4mm ●3mm●原产于欧洲

果实

果实细长。

茎沿地面匍匐生长。

草木樨
生长在河滩及荒地。●二年生草本●20～150cm●5～10月●4～6mm●2mm●原产于亚洲

光叶百脉根
生长于草地及海边。是做遗传研究的样本植物。●多年生草本●15cm●4～10月●7mm

各种各样的黄色小花（豆科植物）

花序

1颗果实

多型苜蓿 （→ P21）
一种牧草。●一～二年生草本●3～5月●3～4mm●原产于欧洲

花序

果序

天蓝苜蓿
果实紧紧聚集在一起。●一～二年生草本●3～6月●1.5mm●2.5mm ●原产于欧洲

花序

果序

钝叶车轴草
果实干枯后下垂。●一年生草本 ●5～20cm●4～7月●1.5mm ●原产于欧洲

花序

1朵花

花序

1颗果实

草原车轴草
花瓣在花凋谢后伸长。果序与啤酒花（→ P103）的相似。●5～7月●3mm●原产于欧洲

果实

叶片顶端的叶须缠绕在一起。

果实成熟后变黑，果皮裂开的瞬间将种子弹出。

窄叶野豌豆
外形和豌豆很像。果实成熟后变黑。●一～二年生草质藤本 ●3～6月 ●9cm ●野外、路边

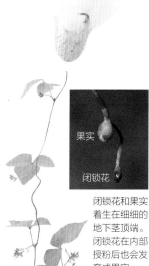

果实

闭锁花

闭锁花和果实着生在细细的地下茎顶端。闭锁花在内部授粉后也会发育成果实。

两型豆
生长于野外。闭锁花在地下茎顶端长出。●一年生草质藤本 ●8～10月 ●5mm ●山野

豆荚成熟后，弹出种子。

歪头菜
叶子2片构成一组。●多年生草本 ●50～100cm ●6～10月 ●9mm ●3cm ●野菜（嫩芽）

山野豌豆
生长于原野。藤本植物。

长柔毛野豌豆
与紫云英一样，是在田地及果园中施用的绿肥。●一年生草质藤本 ●5mm ●原产于欧洲

花的颜色非常丰富，有深粉色、白色等。

果实成熟后变得细长。不可食用。

海滨山黧豆
生长于海岸的沙地。花的颜色会由紫红色变成蓝紫色。

宽叶山黧豆
香豌豆的近亲。花很漂亮，具有观赏价值。●多年生草质藤本 ●1m ●5～10月 ●3cm ●6～13cm ●原产于欧洲 ●切花

作为切花售卖。部分地区已野生化。

花有白色、粉色、紫色等颜色。

香豌豆
花香。花有观赏价值，可做切花。●5～6月 ●3～5cm ●5cm ●原产于意大利

白车轴草、红车轴草、钝叶车轴草、草原车轴草都是原产于欧洲的牧草，现在世界各地均有栽培。

槐树、日本紫藤和它们的近亲

豆科

●本篇介绍的均为豆科植物。

豆科植物的花有上花瓣和下花瓣，下面的花瓣中藏着雄蕊和雌蕊，蜜蜂吸食花蜜时腹部会沾上许多花粉。还有些花依靠鸟类和蝙蝠传播花粉，这些花的花瓣需要有一定的承重力，方便传粉生物站立。

生长在道路斜坡上的紫穗槐，高约 5m。

果实

取出雄蕊后，花无法恢复成原来的形状。

金雀儿
蜜蜂钻入花中，会沾上一身花粉。●4 ~ 6 月●2cm●原产于地中海沿岸●有毒

果实会粘在衣服上。（→ P21）

尖叶长柄山蚂蟥
果实是荚果，有 2 个荚节。

锥序山蚂蟥
依靠人类传播种子。●多年生草本●7 ~ 10 月●1cm●3 ~ 4cm●原产于北美洲●空地

花很漂亮，夏季至秋季开放。

河北木蓝
生长于路边。果实褐色。●多年生草本●90cm●7 ~ 9 月●4mm●深山

表面有水泡状突起。

种子

紫穗槐
花瓣短，雄蕊和雌蕊会从花瓣中伸出。●落叶树●4 ~ 7 月●4mm●原产于北美洲●路边

叶片在夜间闭合。

果实成熟后颜色变成褐色，并断裂。

散落的果实

种子发芽。

合萌
豆荚掉入水中后浮起，随水流着陆后发芽。●一年生草本●7 ~ 10 月●6mm●2 ~ 3cm●湿地

花萼上长着浓密的毛，看起来像貉的尾巴。

被花萼包裹，发育成豆荚。

农吉利
花冠蓝色或蓝紫色。又叫野百合。●一年生草本●20 ~ 70cm●7 ~ 9 月●8mm●10 月●1 ~ 1.5cm

已野生化。

叶片形似羽毛扇。

羽扇豆
园艺植物，具有观赏价值。花穗直立。●多年生草本●5 ~ 7 月●1cm●原产于南欧●有毒

嫩果实 果实

苦参
根部味道苦，人食用后会有眩晕感。●多年生草本●1 ~ 1.5m●6 ~ 7 月●6mm●山野草地●有毒

●生活型 ●高度 ●花期 ●花径（横向）●果期 ●果径 ●原产地及分布 ●生境 ●利用价值 ●毒性

花散发葡萄味饮料的香气。

果实上长有粗毛。

葛麻姆
藤本植物，繁殖能力强。可以从根部提取出葛粉。●多年生草质藤本 ●10m ●8 ~ 9月 ●1.3cm ●葛粉、药用

搭建紫藤花架，以便人们观赏美丽的花。

豆荚上有柔软的毛。豆荚成熟后裂开，种子弹出。

多花紫藤
藤本植物，生长于山野中。具有观赏价值。●落叶木质藤本 ●5月 ●1.5cm、20 ~ 90cm（花序）●10 ~ 19cm ■篮子、园林树、盆栽 ●有毒（生种子）

行道树，在酷暑时节开花。

果实像念珠。栗耳短脚鹎会撕开果皮把种子吃掉。

槐
花朵白色，在枝头开放。花蕾可以制成黄色染料。●落叶树 ●20m ●7 ~ 8月 ●1.2cm ●5 ~ 8cm ●原产于中国 ●药用、建筑材料

蜜蜂或熊蜂传播花粉。

刺槐蜂蜜

花朵芬芳。

刺槐
种植以供生产蜂蜜，已在河滩等地野生化。●落叶树 ●20m ●5 ~ 6月 ●1.5cm ●原产于北美洲 ●蜂蜜

花在秋季的山野中盛开。

胡枝子
生长于路旁及杂木林间。●落叶树 ●1.5 ~ 2m ●7 ~ 9月 ●6mm ●5 ~ 7mm ●庭院树

花蓝绿色，非常漂亮，一朵朵聚集生长并下垂。

在原产地，蝙蝠吸食花蜜，并传播花粉。

在原产地，蜂鸟吸食花蜜，并传播花粉。

刺桐
原产于南美洲。

鸡冠刺桐
花大红色。与大多数其他豆科植物的花不同，鸡冠刺桐花的上花瓣小，下花瓣大。●落叶树 ●3 ~ 5m ●6 ~ 9月 ●4cm ●原产于南美洲 ●庭院树、行道树

花的切面

雄蕊

生长在热带雨林中。花蕾像鸟的爪子。

翡翠葛
给下面的花瓣施加力，雄蕊会从花朵的尖端探出头来。●常绿木质藤本 ●3 ~ 5月 ●1.5cm ●原产于菲律宾 ●热带雨林

苦参具有健胃驱虫等效果，常用来治疗皮肤瘙痒、神经衰弱、消化不良和便秘等。

结出许多细长果实的钝叶决明

紫荆和它的近亲

●本篇介绍的均为豆科植物。

大多数豆科植物的花长得像蝴蝶。雄蕊长在花里面，从外边是看不到的。只有那些懂得怎么将花打开的蜜蜂，才能吸食到花蜜。也有一些豆科植物，如钝叶决明，它的花瓣是平展打开的，雄蕊露在外边，一眼就能看到。

叶片呈圆形。

种子

花枝

果枝 果实

紫荆

园艺植物。花紫红色，非常漂亮。花与枝直接相连。 ●落叶树
●2～4m ●4～5月 ●1cm ●5～7cm ●原产于中国 ●庭院树

和其他豆科植物的花不同，下花瓣是平展打开的。

雄蕊

雌蕊卷曲

细长的果实

钝叶决明

种子叫决明子，可入药。 ●一年生草本 ●1m ●8～9月 ●1.5cm
●15cm

叶片形似鸟的翅膀。

种子

种子可入药。

果实

豆茶山扁豆

生长于河岸的石缝之间。 ●一年或多年生草本 ●8～9月 ●1cm
●药用

豆科植物中的各种蔬菜

子房，已形成果实的形状。

细长的果实

果实的切面

豌豆

种子圆润、青嫩时可食用。
●一年生草本 ●2cm ●蔬菜

种子

豇豆

豆子（种子）可用来做红米饭。种子和红豆的很像。 ●2.5cm
●原产于非洲热带地区 ●蔬菜

叶子3片构成一组。

扁豆

品种丰富。嫩果实可食用。 ●一年或多年生草本 ●5～8月 ●1cm
●原产于中美洲 ●蔬菜

果实

果实

酱菜

刀豆

嫩果实可做酱菜。 ●一年生草本 ●1.8cm ●原产于亚洲热带地区
●蔬菜

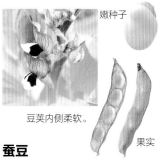

嫩种子

豆荚内侧柔软。

果实

蚕豆

种子未成熟时软嫩，可食用。
●一年生草本 ●4月 ●2cm ●原产于非洲北部 ●蔬菜

像果酱一样的果实

原产于非洲的罗望子（酸豆），结出的果实长10cm左右。剥开果皮，种子之间相连的果肉可食用，味道酸酸甜甜的。

种子之间相连的果肉

罗望子的果实

●生活型 ●高度 ●花期 ●花径 ●果期 ●果径 ●原产地及分布 ●生境 ●利用价值 ●毒性

含羞草和它的近亲

●本篇介绍的均为豆科植物。

一些豆科植物，如含羞草和合欢等，它们的小花聚集生长，雄蕊长长的，花形像线球。有些植物的叶片会在夜间闭合，像在休眠，这也是大多数豆科植物的特点。

飞蛾在夜里吸食合欢的花蜜。

花瓣极小，雄蕊显眼。

散落出的果实

种子

雌蕊

雄蕊

果实散落。

果实

花序

许多细长的小花聚集在一起，组成一个大花序。

花瓣

长满毛的豆荚

果序

用手触摸一下，叶片折叠闭合。

花散发甜美清香的味道。

许多细长的小花聚集成一个大花序。

1朵花
……花瓣
……花萼

种子

"U"形花纹

成熟后颜色变成褐色。

花序

花每天傍晚重新开放。

叶片很细，夜间闭合。

干瘪后会被风吹走。

果实

含羞草
碰一下叶片，它会闭合起来，在夜间或雨天也会闭合。●一年或多年生草本●20～50cm●6～10月●1.5cm（花序）●2cm●原产于南美洲●盆栽

合欢
叶片在傍晚闭合，次日清晨再次展开。●落叶树●3～5m●7～8月●5cm（花序）●6～10cm●庭院树

花序

花序聚集生长。

花枝

叶片呈银白色。

银粉金合欢
黄色的花密集着生在枝条上，看上去非常华丽繁茂，惹人喜爱。●常绿树●2～10m●2～4月●1cm（花序）●原产于澳大利亚●庭院树等

花绿色，不显眼。

雌花

雌花的切面

将来变成果实

雌花序

山皂荚
大型树。树干上有刺。豆荚扭曲状。●落叶树●20m●5～6月●8mm●20cm（长）

各种各样的合欢近亲植物

艳红合欢
花是红色的。●常绿树●1～2m●原产于美国

银合欢
生长在热带地区。●常绿树●一整年●2cm●原产于中美洲

全世界最大的豆子

榼藤是生长在热带的藤本植物，果实长1m以上。

种子与手掌大小相当，依靠海水传播。

豆荚与人的身高对比图

山皂荚的豆荚浸入水中后会像肥皂一样起泡，过去人们用它来洗衣服。（→ P124）

起泡沫的果实

将一些豆科植物的果实放入水中搅动，会产生泡沫。这些果实中含有皂苷，和肥皂一样，能清除衣物上的污渍。所以，在还没有肥皂、洗衣液的时代，人们便用这类植物的果实清洗衣物。

果实的长度接近 20cm，从树枝上垂下来。

无患子

无患子树能长非常高。

无患子的果实。果实的顶部有类似盖子的东西。

叶片在秋季变黄，非常漂亮。

将除去种子的果实放入瓶子中，倒入水。浸泡一段时间后，用吸管吹，会产生很多泡泡。

将果实放入水中，用手搓揉，也能产生泡沫。果实干燥之后，可以反复使用多次。

山皂荚

果实干燥之后，可重复使用。

将整个果实放入装满水的瓶中浸泡一段时间后，摇晃瓶子，会产生泡沫。

大豆荚状的果实

楝

果实中不仅含有能起泡的皂苷，也含油分，可用来榨油。

野茉莉

果实有涩味。

用石头将尚未成熟的嫩果实捣碎，并放入装满水的瓶中，摇晃瓶子，会产生泡沫。

嫩果实有绿色的蒂，看起来非常可爱。

楝的果实。深受栗耳短脚鹎的喜爱。

用印楝（与楝相似）的果实做成的固体肥皂

葡萄和它的近亲

●本篇介绍的均为葡萄科植物。

葡萄科植物都是有卷须的藤本植物，缠绕在其他植物上生长。花瓣有5片，呈放射状，颜色淡雅，并不显眼，开花后便会掉落。果实饱满多汁，被鸟类等动物啄食后，种子会被它们带到其他地方。

花蕾打开的同时花瓣掉落。

雄花

两性花

秋季变成漂亮的红叶。

两性花

两性花

两性花的花序

两性植株在秋季结出小果实。果实成熟后的味道酸甜，可直接食用，也可以制作成果汁或果酱。

异叶蛇葡萄的果实像宝石一样漂亮。

花小，黄绿色。

果实刚开始时是绿色的。

颜色慢慢会变成蓝色和紫色，很漂亮。

也有白色的果实。

果实切面。里边有3粒种子。

紫葛葡萄
生长于山中，大型藤本植物。有两性株和雄株。花均为黄绿色，不显眼。●落叶木质藤本 ●6月 ●3mm ●10月 ●8~10mm ●直接食用、果酱

异叶蛇葡萄
生长于山野。有些果实会被虫子侵占，并慢慢胀大，最后无法结出种子。●多年生木质藤本 ●7~8月 ●6mm ●6~8mm

开花后花瓣随即掉落。

两性花

两性花

两性株的花序

果实和葡萄的很像。

植株有的结果，有的不结果。

胡蜂

花开后，花瓣很快会掉落。花蜜非常多。

桑叶葡萄
野生葡萄，果实可食用。叶片背面及枝条上有细茸毛。●落叶木质藤本 ●6~8月 ●2mm ●10~11月 ●6mm

乌蔹莓
藤本植物，生长于庭院及路边。花能吸引胡蜂。●多年生草质藤本 ●6~9月 ●8mm ●田地、灌木丛

花瓣很快会掉落。

果实和葡萄的很像，但是涩味浓烈，不可食用。

秋天，树叶变红。

吸盘

地锦
通过吸盘攀附墙壁、树干生长。叶片变红的同时结果，果实成熟后颜色变黑，表面附着白色的霜。●落叶木质藤本 ●7mm ●5~7mm

雌花期和雄花期

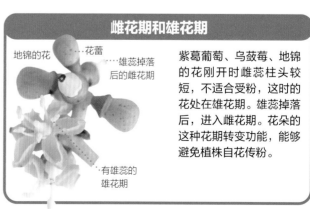

地锦的花

花蕾

雄蕊掉落后的雌花期

有雄蕊的雄花期

紫葛葡萄、乌蔹莓、地锦的花刚开时雌蕊柱头较短，不适合受粉，这时的花处在雄花期。雄蕊掉落后，进入雌花期。花朵的这种花期转变功能，能够避免植株自花传粉。

地锦利用吸盘攀附在树干上生长，大家观察一下身边有没有和地锦相似的植物吧。

软枣猕猴桃

木通

紫葛葡萄

用树木的果实制作甜点

夏季至秋季，山里很多树上结的果实成熟了。这些果实颜色漂亮、口感甘甜，动物和人都爱吃，不仅可以直接食用，还能做成精致的甜点。做甜点时要使用火，建议大人和孩子一起来做。

※ 仅使用已知的可食用的植物果实。

浇在热蛋糕上面的
紫葛葡萄果酱。

水果糯米团

制作方法

1. 在糯米粉中倒入水，搓揉成团，待面团变得柔软即可。将面团分成两份，一份什么都不加，另一份添加紫葛葡萄果酱，做成红白两色的糯米团。
2. 把糯米团放入水中，煮至糯米团浮出水面，然后捞出，过冷水。
3. 将煮熟的糯米团放入容器中，用紫葛葡萄、猕猴桃、树莓等果实装饰，再浇上紫葛葡萄果酱即完成。

紫葛葡萄果酱

制作方法

1. 仔细清洗紫葛葡萄并放入锅中，再加入砂糖（紫葛葡萄重量的一半）和适量柠檬汁，放置一段时间，浸出汁后开始煮。

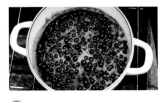

2. 用小火煮至沸腾，再煮10分钟。

3. 用滤网过滤果汁，除去杂质和果皮。

4. 将过滤后的果汁再次倒入锅中加热，煮至黏稠。

从森林中采摘到的三叶
木通、树莓、软枣猕猴
桃、紫葛葡萄果实。

树莓

树莓扁桃仁挞

树莓扁桃仁挞

制作方法

1. 将挞坯料（冷冻的坯料）倒入模具中，用叉子在表面扎一些小洞，然后放入冰箱冷冻。
2. 在容器中加入 60g 扁桃仁、45g 砂糖、2g 玉米粉，再倒入 30g 放至室温的柔软黄油，充分搅拌至柔软。
3. 在步骤❷的成品中倒入 25g 酸奶继续搅拌，再打入 1 个鸡蛋，快速搅拌均匀。
4. 将 80ml 鲜奶油分 3 次倒入，继续搅拌 30 分钟左右。
5. 从冰箱中取出挞坯料，倒入步骤❹做好的扁桃仁坯料，最后，在上面放上适量树莓。
6. 将锅预热至 180℃～200℃，然后将挞放入锅中烤制 20 分钟左右，直至上色。

水果糯米团

桑葚酸奶慕斯

制作方法

1. 用做紫葛葡萄果酱的方法来做桑葚果酱。
2. 将 10g 明胶浸入 100ml 水中，加入 60g 砂糖并用小火煮沸。
3. 待步骤❷的成品冷却后，加入 500ml 酸奶、3 大匙桑葚果酱、1 大匙柠檬汁、1 个蛋黄。
4. 在步骤❸的成品中加入 1 个蛋清，搅拌，然后倒入模具（至模具容量 80% 的位置），放入冰箱冷却。
5. 将 2.5g 明胶、5 大匙桑葚果酱、1 大匙柠檬汁加入 50ml 水中并煮沸，关火冷却后倒在步骤❹的成品（已经凝固到一定程度）上，放入冰箱使其冷凝。

桑葚

景天和它的近亲

●本篇介绍的均为景天科植物。

景天科的植物大多是多肉植物，叶片厚，能存储很多水分，非常耐旱，如万年草和景天。它们断裂的茎或叶也能生根发芽，长成新的植株。花呈星形，雄蕊的根部长有蜜腺。

生长于庭院的松叶景天

在地面丛生。

叶片根部长出带有小叶的芽（小珠芽）。这种小珠芽落在地面后生根发芽，长成新的植株。

松叶景天
园艺植物，已野生化。●多年生草本●10～15cm●4～5月●1cm

开花，但不结果。

垂盆草
已在石垣、河滩野生化。茎沿地面匍匐生长。●多年生草本●5～7月●1.5cm●原产于中国

珠芽景天
生长于庭院及田地中，小型杂草。开花，但不结果。依靠叶片根部的小珠芽来繁殖后代。●一～多年生草本●5～15cm●5～6月●1cm

小珠芽

大唐米
生长在海岸的岩壁上。叶片小。●5～12cm●5～7月●4～5mm

费菜
叶片厚，肉质。●多年生草本●10～50cm●5～8月●1.5cm●山中的草地及岩壁

5片花瓣的品种

长寿花
开红色花的伽蓝菜品种。●1.5cm●原产于马达加斯加

花红色，管状，向下开，吸引鸟儿来吸食花蜜。

子房，膨大后成为果实。

花瓣完全打开。

燕子掌
园艺植物，叶片肉质。●常绿树●1m●11月～次年2月●1.5cm●原产于南非

伽蓝菜
园艺植物。叶片肉质。●多年生草本●1.5cm●原产于马达加斯加●盆栽

宫灯长寿花
园艺植物。花形似宫灯。●多年生草本●1～5月●1.5cm●原产于马达加斯加

用叶片繁殖后代

试一试！

大叶落地生根是一种观叶植物，叶片边缘会长出小芽。小芽落在地面后发育成新的植株。

芽

大叶落地生根

叶片上长出幼苗。

落地生根

花

●生活型 ●高度 ●花期 ●花径 ●果期 ●果径 ●原产地及分布 ●生境 ●利用价值 ●毒性

虎耳草和它的近亲

●本篇介绍的均为虎耳草科植物。

虎耳草是生长于山中溪畔及潮湿草地中的草类。花呈放射状，有 4 ~ 5 片花瓣。果实成熟后裂开，将小种子散播出去。猫眼草、唢呐草的果实张开呈碗状，下雨的时候，雨水会将种子打落，帮助种子散播到其他地方。

丛生于湿地中的齿叶落新妇和鬼灯檠

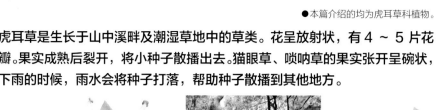

上面的 3 片花瓣有斑纹，能够吸引昆虫。

丛生于背阴潮湿的石垣。

雄蕊有 10 枚。花药是蓝紫色的。

花萼

叶片上有白斑和红斑。

有些植株的叶片上有白色斑纹，而花瓣上有黄色斑纹。

花柄细，会被昆虫压弯。

过去可以入药，现在可以油炸食用。

在茎部着生的多汁乳菇。

生长于潮湿的山中。

2 枚雌蕊呈角状突起。花萼会存留至果期。

果期

匍匐茎

虎耳草
生长于溪流及潮湿的石垣，可在庭院种植。茎沿地面匍匐生长。
●多年生草本●20 ~ 50cm●5 ~ 6 月●1.5cm●草药、野菜、观赏植物

齿叶落新妇
新芽在春季长出，形状像鸟的脚爪。

小叶落新妇
茎部长满多汁乳菇（菌类）。
●7 ~ 8 月●3 ~ 5mm

鬼灯檠
叶片大大的，很像风车。●多年生草本●1m●6 ~ 7 月●6 ~ 8mm

花瓣下面是雌蕊的子房。

果实

猫眼草（猫眼金腰）
果实像猫眯成一条缝的眼睛。●多年生草本●4 ~ 20cm●4 ~ 5 月●2mm●沼泽、湿地

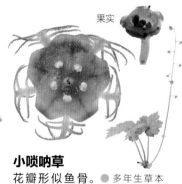

果实

小唢呐草
花瓣形似鱼骨。●多年生草本●20cm●3 ~ 4 月●8mm●4 ~ 6 月●4mm●山中沼泽

借助雨水传播种子
猫眼草、唢呐草的果实裂开后，形状像碗，被雨水击打后，种子散播到其他地方。

果实在梅雨季节成熟。

金腰

涧边草
生长于深山。叶片大，平展。●多年生草本●40 ~ 60cm●5 ~ 7 月●2.5 ~ 3cm●山中的潮湿森林

短柄岩白菜
常绿的园艺植物，多种植于花坛。
●多年生草本●25cm●3 ~ 5 月●2 ~ 3cm●原产于喜马拉雅山脉

美药金腰
生长于山中沼泽。看上去像 4 片白色花瓣的部分实际上是花萼。
●多年生草本●5cm●3 ~ 4 月●8mm

虎耳草花瓣上的斑纹是蜜源标记，标示着花蕊和蜜腺的位置，引导着昆虫吸食的方向。

红茶藨子、交让木和它们的近亲

红茶藨子和它的近亲均为小型落叶树，花不显眼，果实圆圆的，和蓝莓很像，其中一些植物的果实可食用。本篇介绍的芍药和牡丹的花很漂亮，备受人们喜爱。而交让木多见于阔叶林中。

丛生于深山中的草芍药

果实成熟后颜色变黑。

果实

果实

果实的表面长毛。

黑茶藨子
果实成熟后变黑，可以制作糖浆。

鹅莓
果实直径1.5cm，成熟后变成黄绿色及酒红色，可食用。

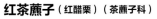

果实可做成果酱等。

叶片裂痕深。

红茶藨子（红醋栗）（茶藨子科）
原产于欧洲。果实可制作果酱或糖浆。●落叶树●1~2m●4~5月●7mm●9mm

日本茶藨子（茶藨子科）
生长于高山的野生茶藨子。
●落叶树●2m●5~7月●8mm●8mm●亚高山针叶林●食用

库页茶藨子（茶藨子科）
果实表面附着有黏性的腺毛。
●落叶树●30~50cm●5~6月●6mm●1cm●亚高山的树林

雄蕊多数。

雌蕊3枚，会发育成果实。

果实

重瓣花的花瓣是由雄蕊变化而来的。

花色丰富。

有3枚雌蕊。

叶片裂开，裂痕较浅。

芍药（芍药科）
象征友谊和爱情。图片中的植物为一种栽培品种。●多年生草本●50~90cm●5月●10~20cm●原产于中国

牡丹（芍药科）
品种多，在各地均有广泛栽培。●落叶树●2m●5月●10~20cm●原产于中国●观赏植物

果实成熟后裂开，种子有红色和黑色的，能够吸引鸟儿。

外形好看。植株的数量正在锐减中。

花瓣半开。

风媒花

雌株

雄株

叶片背面泛白。

果实

果实成熟后变黑，外面附着一层果霜。

草芍药（芍药科）
生长于深山的野生芍药。其数量因园艺移栽需要而锐减。●多年生草本●30~40cm●5~6月●4~6cm●8mm

交让木（虎皮楠科）
新叶长出之后旧的叶片掉落。●常绿树●10m●4~5月●2~3mm●10~12月●1cm●有毒

●生活型 ●高度 ●花期 ●花径 ●果期 ●果径 ●原产地及分布 ●生境 ●利用价值 ●毒性

金缕梅、枫香树和它们的近亲

早春时节，金缕梅比其他植物更早开花，花萼呈红褐色，花瓣呈黄色、长条形。金缕梅、蜡瓣花的果实成熟变干后，内侧果皮收缩，这个力会将种子像炮弹一样弹出去。

秋季结束时，树枝上仅剩果实的北美枫香树。

由 4 片红褐色的花萼和 4 枚黄色纤细花瓣组成。

1 朵花

钝叶日本金缕梅
生长于日本海岸的多雪地区。

4 片花瓣，较薄。

花一簇簇聚集生长。

红叶金缕梅
金缕梅的园艺品种，花瓣红色。

开花时，枝头仍然有枯叶残留。

嫩叶呈红色。

先开花，后长叶。

早春开花的日本金缕梅。开花的时候没有叶片。

果实

叶片常绿。

日本金缕梅（金缕梅科）
早春开花。●落叶树●2～5m●3～5月●3cm●山林

金缕梅（金缕梅科）
种植于庭院。●落叶树●2～9m●1～3月●2cm●1.5cm●原产于中国

红花檵木（金缕梅科）
园艺植物，作为绿篱种植。●常绿树●3～6m●4～5月●2cm

行道树。结出的果实圆圆的。

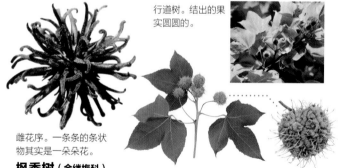

雌花序。一条条的条状物其实是一朵朵花。

枫香树（金缕梅科）
常见于公园、街道。果实聚集生长形成聚合果。●落叶树●20～25m●4月●2.5cm（聚合果）

果实完全成熟干燥后裂开，弹出种子。

常种植于公园。

雌花序。一条条的条状物其实是一朵花。

风媒花。毛茸茸的褐色花穗是雄花序。

雄花序

雌花序

日本蜡瓣花（金缕梅科）
花在早春时节开放。花黄色，下垂。●落叶树●3～4月●1cm●山野（稀少）●公园树

少花蜡瓣花（金缕梅科）
花序及叶片比日本蜡瓣花的小。●落叶树●1.2～2m●3～4月●1cm●山中岩壁（稀少）●公园树

北美枫香树（蕈树科）
行道树。叶片形似枫叶。小果实聚集在一起生长，形成一个球状的聚合果。●20m●4月●3～3.5cm（聚合果）

枫香树原产于中国，最早叫作枫树，后来改名枫香树，现在枫树另有所指。

二球悬铃木和它的近亲

二球悬铃木的花为风媒花，雄花和雌花均聚集成球状。雌花在秋季结出聚合果，垂挂在枝头。山龙眼科是悬铃木科和莲科的近亲。

二球悬铃木近亲植物的花、果实均为球形。

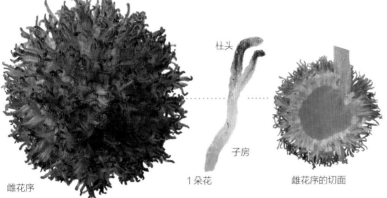

柱头

子房

1朵花

雌花序

雌花序的切面

图片中是在日木山中修行的行者。衣服上的装饰物很像二球悬铃木的果实。

花枝

果枝

雄花序

剥开后能看见花粉。

雄蕊的花药

雄花序的切面

叶片形状似枫叶。

正在下落的伞形果实。

二球悬铃木是杂交品种，多作为行道树种植。

成熟后的聚合果

二球悬铃木（悬铃木科）

树干呈白色，树皮有不规则剥落的痕迹。大叶片和球形聚合果较为显眼。●落叶树 ●35m ●4月 ●1.5cm（花序）●3~4cm（聚合果）●行道树、庭院树

山龙眼科植物

山龙眼科植物多分布于南非及澳大利亚。花的结构非常特殊，是为了适应昆虫、鸟类和动物的传粉需要演化而来的。

依靠蜜蜂传播花粉。

果实

种子

可食用部分。这是我们熟知的坚果——夏威夷果。

澳洲坚果（山龙眼科）

果实是坚果，外壳坚硬，果肉美味。生长于夏威夷，但原产地是澳大利亚的亚热带地区。●常绿树 ●5~20m ●2cm

鸟类会来吸食花蜜。

花序大，直径达15cm。

针垫花（山龙眼科）

生长于非洲。大花序看起来像朵花。●常绿树 ●切花

生长于干燥地区。

花红色，吸引鸟类吸食花蜜。

果实被山火烧过后会裂开，弹出种子。

孟席斯佛塔树（山龙眼科）

原产于澳大利亚。花的颜色有黄色和褐色的。●常绿树 ●10cm

●生活型 ●高度 ●花期 ●花径 ●果期 ●果径 ●原产地及分布 ●生境 ●利用价值 ●毒性

莲、日本黄杨和它们的近亲

虽然莲科和悬铃木科的植物看起来完全不同，但是提取两者的遗传物质，分析之后发现，它们同属于山龙眼目。

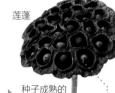

多见于公园池塘中的莲

花托膨大并孕育出种子。

花托

内部结构

圆形叶片的中心和叶柄相连。

莲蓬

种子成熟的过程中，莲蓬的顶端不断开裂。

种子借助水流传播。

种植莲藕的莲藕田

地下茎生长在泥塘中，有许多小孔，是为了让空气流通，使植株能够呼吸。

莲藕就是地下茎。

叶柄和花茎中也有小孔。

莲（荷花）（莲科）

水生植物，生长于池塘、沼泽中。莲蓬外形和蜂巢很像。●多年生草本 ●7~8月 ●12~20cm

沉睡 2000 年的种子

1951 年，人们在日本千叶县发现了埋在地下的莲子。这颗莲子的寿命长达 2000 年。重新将其种植，第二年居然开花了。经历了 2000 年的洗礼，种子仍然没有失去发芽的能力。

这朵沉睡了 2000 年的莲花被命名为大贺莲。

培育绿弄蝶的多花泡花树

多花泡花树是清风藤科植物，和莲科一样，都属于山龙眼目。绿弄蝶在多花泡花树上产卵，长大后的幼虫在叶片上筑巢。

绿弄蝶

气孔

幼虫的巢穴有气孔。

花序。白色小花聚集在一起。

打开巢穴就能发现幼虫。

多花泡花树

果实裂开后弹出种子。裂开的果实形似猫头鹰。

花枝

花序。4 朵雄花围着 1 朵雌花。

猫头鹰

雌花

雄花

雌花和雄花都没有花瓣。

用黄杨制作的梳篦

作为庭院树栽植。

日本黄杨（黄杨科）

圆形小叶片在树枝上密集着生。植株被修剪后常种植于庭院。●常绿树 ●2~3m ●3~4月 ●8mm（花序）●8月 ●1.5cm ●山地 ●印章

🌱 莲的果实可食用，煮熟后味道甜美，也可以直接生吃，或泡茶。

毛茛和它的近亲

●本篇介绍的均为毛茛科植物。

毛茛科植物的花都有很多雌蕊。果实是聚合果，由许多小果实聚集而成。该科大多数植物的花萼看起来都非常像花瓣。毛茛科植物的特点是花很漂亮，但很多都有毒。

辽吉侧金盏花盛开的时候，春天就到了。

广泛生长于光照充足的山野草地上。

最原始的重瓣花
毛茛

许多小果实聚集在一起。

花瓣由雄蕊变化而来。

花有光泽。

聚合果

石龙芮
生长于田边。有毒。

钩柱毛茛
果实顶端弯曲。有毒。

毛茛
花有光泽。因为花看上去非常光亮，所以很容易辨认。●多年生草本 ●30～60cm ●4～5月 ●2cm ●堤坝、原野 ●有毒

禺毛茛
生长在空旷的地方。植株表面长着很多毛。●多年生草本 ●30～60cm ●3～7月 ●1.5cm ●田边 ●有毒

花毛茛
欧洲毛茛的园艺品种。●20～60cm ●4～5月 ●5～10cm ●原产于欧洲 ●有毒

聚合果

蚂蚁会搬运果实。

叶片起初闭合，之后逐渐展开。

有灭绝的危险。

花向下倾斜开放。

膨大的聚合果

花也有白色的。

果实表面有蓬松的长毛。

茎、叶也有白色茸毛覆盖。

花的颜色丰富。

辽吉侧金盏花
花形像"卫星锅"一样，可以收集阳光。●多年生草本 ●2～4月 ●3～4cm ●山林 ●有毒

黑种草
常作为园艺植物。●一年生草本 ●60～80cm ●5～7月 ●3～5cm ●3cm ●原产于欧洲 ●有毒（种子）

朝鲜白头翁
果实上的白色茸毛像老人的胡须。●多年生草本 ●4～5月 ●3cm ●3cm ●有毒

欧洲银莲花
原产于欧洲，园艺植物。鹅掌草的近亲。●多年生草本 ●4～5月 ●4～10cm ●有毒

蜜腺

白色的是花萼

果实

花瓣会变成蜜腺。

花萼

三叶黄连
花在早春开放。可入药。●多
年生草本●5~10cm●3~6月
●1.5mm●山林

日本菟葵
在草木尚未发芽的早春时节开
花。●多年生草本●5~15cm●2~
3月●2cm●1cm●山林

子房膨大后,花
萼仍有残留。

……2朵构成一组
开放。

匍枝银莲花
生长在山中。
花瓣1~3轮。

从果实上面看到
的样子。

果实

日光银莲花
花在茎顶部开放,
花瓣只有1轮。

鹅掌草
春天会在树林中聚集生长。种
子依靠蚂蚁传播。●多年生草本
●4~5月●2cm●山林

糙子人字果
2枚果实连在一起,看起来很像
鲭鱼尾巴。●多年生草本●10~
20cm●4~5月●6~8mm●1cm

日本獐耳细辛
生长在山中,花在早春开放,
颜色非常丰富,有白色、粉色、
紫色等。●多年生草本●15cm
●3~4月●2cm

暗叶铁筷子
花萼看起来非常像花瓣。赏花
期很长。●12月~次年4月●5cm
●原产于欧洲●有毒

看上去像
花瓣的部
分其实是
花萼。

园艺品种,花的颜色
很丰富。

熊蜂在吸
食花蜜。

女萎
野生铁线莲的近亲。花萼白
色,有4片。种子随风传播。
●8~9月●2cm●有毒

种子有茸毛,能
够随风飞走。

果实

花能吸引
蝴蝶。

红钟铁线莲
花是紫红色的。

园艺品种

铁线莲
有若干个变种和杂交品种,有
"藤本花卉皇后"的美称。●多
年生草质藤本●5月●3~20cm

单花女萎
花朵的形状和警示火灾的警钟
很像。●多年生草质藤本●5~7月
●2cm●山林

圆锥铁线莲
种子上的长毛,就像
传说中神仙的胡须。
●8~9月●2~3cm
●2cm●山野●有毒

单穗升麻
白色小花聚集成穗状花序。●多
年生草本●40~150cm●8~10
月●3~5mm●山林●药用

丛生于山中的日本乌头，有剧毒。

毛茛科

日本乌头和它的近亲

●本篇介绍的均为毛茛科植物。

毛茛科植物的花呈杯状、筒状等，花萼有 4 片或 5 片，看起来非常像花瓣，而一些真正的花瓣演化成了储存花蜜的距。日本乌头的花很漂亮，但植株有剧毒。

上面的花萼长得像头盔。

花瓣

距

头盔（花萼）里边有距，顶端弯曲，存储着花蜜。

果实成熟后裂开，弹出种子。

根粗大，有剧毒。

只有熊蜂能够钻入花中吸食花蜜。

日本乌头

整株有毒，根部有剧毒。在春季，常有将其误作野菜食用的中毒事件发生。●多年生草本●60～120cm●9～11 月●1.5cm（长度 3cm）●剧毒

日本乌头的各种近亲

熊蜂来吸食花蜜了。

北岳乌头

日本南阿尔卑斯市北岳地区的特有种。●多年生草本●15～35cm●8～9 月●3cm（长度）●岩壁、山地●剧毒

箱根乌头

生长于日本箱根周边地区。茎部直立。●多年生草本●50～100cm●9～10 月●原产于日本●剧毒

虾夷乌头

毒性强烈，以前用来制作毒箭。●多年生草本●70～150cm●8～10 月●4cm（长度）●原产于日本●剧毒

栽培乌头

虽然乌头含有毒性，但仍可入药。因此，可以作为药用植物来栽培。

种植乌头的田地

花萼

也有花萼为奶黄色的植株。

花瓣

花瓣

花的后面是细长的距，能够吸引熊蜂来采蜜。

日本耧斗菜

花向下开，有很长的距。●多年生草本●30～70cm●6～8 月●3～3.5cm●山地草原

花萼

花瓣

花的颜色丰富。

果实成熟后顶端展开，小种子随风飘散，传播出去。

果实

洋牡丹

园艺植物，由日本的野生种培育而来。●多年生草本●20～60cm●4～5 月●6cm

花萼

花瓣

还亮草

全株可入药。●一～多年生草本●15～40cm●3～5 月●1.5cm●原产于中国●有毒

花与洋牡丹的相似。

花萼

花瓣

天葵

根可入药。●多年生草本●15cm●3～5 月●6mm●5～6mm●树林边缘

花萼像花瓣一样展开。

花萼

花瓣

距

花的后面是细长的距，里面存储着花蜜。花的形态犹如飞燕，由此得名。

飞燕草

花是蓝色的，非常漂亮，适合做切花。●二年生草本●30～90cm●5 月●3～4cm●原产于欧洲●有毒

南天竹和它的近亲

●本篇介绍的均为小檗科植物。

小檗科植物花的结构均保留了较原始的特征。与毛茛科植物一样，它们的花瓣和花萼也不易区分。大多数小檗科植物含有生物碱等特殊的化学成分，如南天竹、小檗等药用植物。

雄蕊

花瓣很快就会掉落。

红色果实在冬天非常漂亮。

果实

叶片可用于装饰红米饭。

果肉有毒，但也可以用来制作止咳药。

用雪制作的兔子。它的眼睛和耳朵分别是南天竹的果实和叶片。

南天竹
通常种植于庭院。叶片细密。果实漂亮。●常绿树●1～3m●5～6月●1cm●11月～次年3月●6～7mm●药用（止咳、润喉）●有毒

结果的台湾十大功劳

花萼
花瓣

果实成熟后，颜色和蓝莓很像。

用镊子触碰雄蕊，它会移动然后附着在雌蕊上。

三颗针
树枝有许多尖刺。

台湾十大功劳
叶片边缘有刺。花在早春开放，有香味。可以用来做盆栽。●常绿树●1～2m●3～4月●1.5cm●6～7月●1cm●原产于中国台湾

花萼
花瓣

触碰雄蕊的花丝，它会瞬间移动。

秋季，枝头挂满红色果实。

刺

日本小檗
曾被用来制作洗眼药。●落叶树●2m●4月●7mm●山中光照充足的树林●手工艺品、药用

花瓣分泌花蜜。

展开的是花萼。

通常有6片花萼、6枚雄蕊。

红毛七
叶片与牡丹的相似，但它们不是近亲。●多年生草本●40～70cm●4～6月●1.3mm●8mm●山林

距

花萼

细长的距存储着花蜜。

花的侧面

花朝下开。

吸食花蜜的蜂虻

朝鲜淫羊藿
开黄色花的品种。花同样有很长的距，只有口器长的昆虫能吸食到花蜜。

果实成熟后裂开，弹出种子。

种子中有油质体，落在地上会被蚂蚁运走。

长距淫羊藿
多见于山林。花很漂亮，形似船锚。●多年生草本●20～40cm●4～5月●2～4cm●2cm●山林●药用

乌头属约有350种植物，中国约有167种，在各省份均有分布。

木通、荷包牡丹和它们的近亲

木通的雌花中有多枚雌蕊，它们会发育成一个个果实。荷包牡丹的 4 片花瓣都是直立的，把雄蕊和雌蕊围起来，只有熊蜂能吸食到花蜜。

荷包牡丹的近亲，生长在高山上。

雌蕊

花萼。
花没有花瓣。

雌蕊

雌花

雌花不分泌花蜜，利用大花萼和显眼的雌蕊吸引昆虫。

花萼。
花没有花瓣。

雌蕊

雌花

花是巧克力色的，非常少见。

花萼 　　花萼

雌花

雌花有 3 枚雌蕊。

雄花

有 6 片花萼，它们大小不等。

花瓣

花萼

叶子 5～9 片一组，比较厚。

雄花

果肉甘甜。

雄花

有雌株和雄株。

种子的形状很像鹦鹉螺。

果实成熟后，外面有一层白色的果霜。

叶子 5 片一组。

雄花

木通（木通科）
果实是水果，味道甜美。●落叶木质藤本 ●4～6月 ●1cm（雄花）、2cm（雌花）●5～8cm ●食用

叶子 3 片一组。

雄花小。

三叶木通（木通科）
生长在山中，也可人工栽植。●落叶木质藤本 ●4～5月 ●5mm（雄花）、15mm（雌花）●9～10月 ●10cm ●野菜、篮子

日本野木瓜（木通科）
生长于温暖地区，也可种植于庭院。●常绿木质藤本 ●4～5月 ●3.5cm ●10～11月 ●5～8cm

木防己（防己科）
过去，藤蔓被用来编织网。●落叶木质藤本 ●7～8月 ●5mm ●10～11月 ●6mm ●山野 ●有毒

中间的花瓣将雄蕊和雌蕊隐藏起来。下面的花瓣是昆虫的"着陆台"。

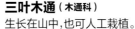

丛生于山野树林及草地中。

种子落到地面后，被蚂蚁运走。

距

在花的后面有细长的距，存储着花蜜。

果实成熟后裂开，将种子弹出。

刻叶紫堇（罂粟科）
通常丛生于郊外树林及公园。茎和叶片柔软，断裂后会散发出异味，且有毒。●二年生草本 ●20～50cm ●4～6月 ●6mm ●1.5cm ●树林 ●有毒

日本延胡索（罂粟科）
药用植物。●多年生草本 ●10～30cm ●1cm ●药用

撕碎后散发出异味，并溢出黄色汁液。

黄堇（罂粟科）
常见于深山及公园。●二年生草本 ●4～6月 ●3mm ●山野、公园 ●有毒

雄蕊伸出花瓣。

荷包牡丹（罂粟科）
花漂亮。可人工栽培。●多年生草本 ●40～80cm ●5～6月 ●2.5cm ●原产于中国 ●有毒

罂粟和它的近亲

●本篇介绍的均为罂粟科植物。

罂粟和它的近亲都有 4 片薄花瓣，花瓣呈放射状展开。罂粟果实中的乳白色浆液有毒，进入人的身体后会对神经产生影响，对人体有害。有些罂粟品种可以用来制作药品。罂粟是中国明令禁止种植的植物。

生长于喜马拉雅高山上的罂粟，花朵非常美丽。

花的大小因植株的生长条件而异。生长环境的不同，造成花的直径有所差异，从 1cm 到 5cm 不等。

花蕾向下。

嫩果实

果实成熟后，顶部会裂开一条缝隙，散落出约 1000 粒种子。

用于盆栽种植，现在已野生化。

长果罂粟
近年来被驯化，丛生于路边及空地。●一~二年生草本●10~60cm ●4~6月●1~5cm●2cm ●原产于欧洲

鬼罂粟
种植于庭院。花朵颜色丰富，非常美丽。●5~6月●10cm ●原产于西南亚●庭院种植

果实成熟后，顶部会裂开一条缝隙，散落出许多小种子。

虞美人
园艺植物。种植于庭院，花色丰富。●一~二年生草本●5~7月 ●7cm ●原产于欧洲●花坛●观赏用

花瓣很快就会凋落。

切开茎，会溢出有毒的橙色浆汁。

晃动嫩果实，会发出"哗啦哗啦"的声音。

蚂蚁在搬运种子。

博落回
多见于街边空地。人工培育出的植株较高大。●多年生草本●1~2m ●6~8月●2cm●2cm ●有毒

4 片花瓣

果实细长。

切开茎，溢出有毒的橙色液体。

白屈菜
生长在山中。有毒。●二年或多年生草本●4~11月●1.5cm●2~2.5cm ●有毒

4 片花瓣

茎及叶片表面覆盖着白色的毛。

果实长豆荚状。

黄花海罂粟
具有药用价值。●5cm●15~25cm ●原产于南欧●海岸空地●有毒（叶、茎）

花漂亮，但不可栽培种植。

嫩果实

里面包含无数粒种子。

刚毛罂粟
含麻药成分。●二年生草本●5~6月●4~5cm ●原产于地中海沿岸 ●有毒

 三叶木通的柔韧藤蔓可用来制作手工艺品。果实成熟后变紫，裂开。果肉甘甜，可食用。厚果皮经过炒制也可食用。

夹竹桃（→ P46）
比较常见。叶片和茎中含有强心苷类物质，误食会导致呕吐、腹泻甚至死亡。

莲华踯躅（→ P50）
毒性和马醉木一样，误食后可能会导致腹痛、呕吐、腹泻、神经麻痹等。花蜜同样有毒。

有毒植物

有些植物因根部牢牢固定于地面，即使有敌人来也无法逃跑。但这些植物能通过散发刺激性气味、分泌有毒物质，来抵御食草动物和昆虫的侵害。这里介绍一些常见的、有代表性的有毒植物。

细齿南星（→ P164）
含有大量草酸钙，误食后，喉咙和食道会有灼烧感、痛痒感。

球状花序聚集在一起。

毒芹
属于伞形科，多年生草本植物，生长于山野湿地。有球状伞形花序和粗壮的地下茎。含有毒芹素，毒性强烈，误食后会导致呕吐、眩晕、痉挛甚至死亡。

叶片和芹菜的很像。

地下茎粗壮，很像竹笋。

东莨菪碱有扩张瞳孔的功能，可用来做眼药水。

东莨菪（→ P41）
新芽很像一种野菜，经常被人误食，引起中毒事故。误食后苦味在嘴里不停循环。有毒成分是一种叫"东莨菪碱"的生物碱。

日本乌头（→ P136）
剧毒生物碱遍布于整棵植株，误食后会导致痉挛、窒息甚至死亡。根部的毒性是最强的，即使误食几片叶子也会中毒。

马醉木（→ P48）
家畜误食后会产生眩晕感，因此得名。有毒成分是一种生物碱，人误食后也会中毒。

毛地黄（→ P37）
含强心苷类剧毒物质，误食后可能导致呕吐、腹泻、心律不齐，严重的会死亡。

辽吉侧金盏花
（→ P134）
有毒成分会对心脏产生影响。误食其叶片或根部，可能引起呕吐、头疼、呼吸困难等症状，甚至会出现幻觉。

石蒜（彼岸花）（→ P149）
整株含有生物碱。球茎易被误认为是洋葱，误食后可能导致呕吐、腹泻等。

罂粟
罂粟含有剧毒生物碱，是制作毒品鸦片的原料，中国明令禁止种植。但是罂粟中提炼出的吗啡可入药，起到镇痛作用。

日本马桑（→ P94）
整株含有剧毒生物碱，误食会导致呕吐、全身痉挛，严重的会死亡。

稻和它的近亲

●本篇介绍的均为禾本科植物。

稻和它的近亲都没有花瓣，雄蕊和雌蕊被颖壳保护着。颖壳的顶端有细长突起的芒。授粉后，颖壳中的子房膨大，变成果实。

果实成熟后，稻穗变成黄色。

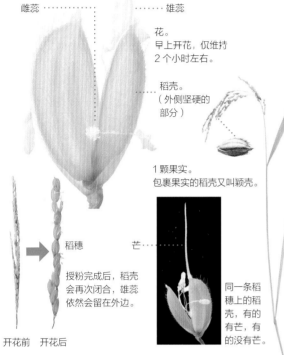

雌蕊 …… …… 雄蕊

花。
早上开花，仅维持2个小时左右。

稻壳。
（外侧坚硬的部分）

1颗果实。
包裹果实的稻壳又叫颖壳。

稻穗 …… 芒 ……

授粉完成后，稻壳会再次闭合，雄蕊依然会留在外边。

开花前 开花后

同一条稻穗上的稻壳，有的有芒，有的没有芒。

稻
种子就是大米，广泛种植于世界各地。●一年或多年生草本●60～180cm●7月●7mm●9月●7mm

各种米

我们平常吃的大米就是粳米。

糙米
只去掉稻壳。

粳米
黏性小。

糯米
黏性大。

黑米
很久以前就已种植。

籼米
黏性小，米粒细长。

芒 ……

花 ……

湿润的芒干燥后，能像钻头一样钻入地面。

芒 ……

花 ……

野燕麦
一种杂草，生长于原野和田间。
●一～二年生草本●50～100cm●5～7月●1.5cm●原产于欧亚大陆

雄蕊 ……

雌蕊 ……

花 ……

芦苇
丛生于水边。●多年生草本●2～3m●8～10月●1.5cm●9mm●帘子

结缕草
分布广泛。能长成草坪。●多年生草本●5cm●5～6月●3.5mm●光照充足的草地

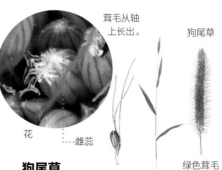

茸毛从轴上长出。

花 …… 雌蕊 ……

狗尾草 绿色茸毛
金色狗尾草 金色茸毛
紫色狗尾草 紫红色茸毛

狗尾草
谷物植物的原种。●一年生草本●20～70cm●7～11月●4～10cm（穗长）●光照充足的草地或路旁

花 …… …… 雄蕊
…… 雌蕊

柳叶箬
叶片与柳叶相似，由此得名。
●多年生草本●30～50cm●6～8月●2mm●湿地

种子

花 ……

芒
大量丛生后形成草原。●多年生草本●1.5m●8～10月●4mm●屋顶材料

雄蕊 …… …… 雌蕊

总苞（内含雌花）

雄花 …… …… 雄蕊
雄花穗 花

果实

雌花期的花苞切面

叶片根部结出果实

薏苡
总苞呈花苞状，成熟后变硬，成熟后变软的是栽培品种。●一年或多年生草本●1m●8mm●原产于东南亚●水边、空地●手工艺品、药用

莎草、香蒲和它们的近亲

莎草、香蒲及其近亲与禾本科的植株有相似之处。莎草科植物的共同特征是花没有花瓣。

莎草的近亲是生长于水田中的杂草。

花序
总苞
茎
花穗

水莎草（莎草科）
常见于湿地或田边。植株高大。●多年生草本●50～100cm●8～10月●8mm（花穗）●8～10月

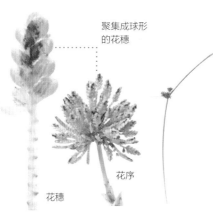

聚集成球形的花穗
花序
花穗

异型莎草（莎草科）
生长于湿地或田边。花序呈球形。●一年生草本●15～40cm●8～10月●2mm（花穗）●8～10月●全世界温暖的地方

花序

三棱草（莎草科）
杂草，生长于田中。除了种子，黑色的茎也能繁殖后代。●多年生草本●40～100cm●7～10月●7～10月

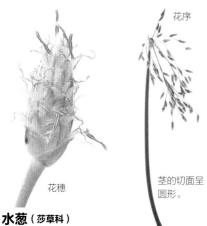

花序
花穗
茎的切面呈圆形。

水葱（莎草科）
生长于水边。植株粗壮、高大。●多年生草本●1～2m●7～10月●8mm（花穗）●7～10月

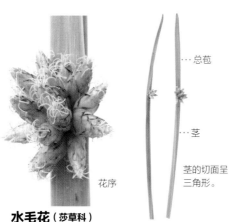

总苞
茎
茎的切面呈三角形。
花序

水毛花（莎草科）
生长于水边。总苞长，所以花看上去好像开在了茎的中央。●多年生草本●50～120cm●8～10月●7mm（花穗）

雄花穗
雌花穗
雄花穗和雌花穗着生在植株的不同部位。

莎薹草（莎草科）
花序的形状很像口哨。●多年生草本●10～30cm●4～6月●1～2cm（花穗）●溪边

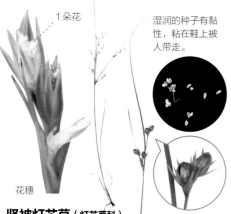

1朵花
湿润的种子有黏性，粘在鞋上被人带走。
花穗

坚被灯芯草（灯芯草科）
生长于路边和空地。植株小。●多年生草本●10～40cm●6～9月

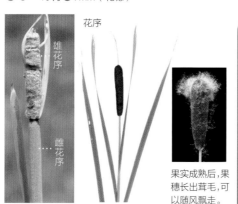

雄花序
雌花序
花序
果实成熟后，果穗长出茸毛，可以随风飘走。

宽叶香蒲（香蒲科）
生长于池塘和湿地。果穗看起来很像香肠。●多年生草本●1.5～2m●6～8月●10～20cm（穗长）●水边

毛茸茸的羊胡子草

白毛羊胡子草（莎草科）生长于山中潮湿的草原上，花凋谢后长出圆圆的茸球。

茸球
大面积丛生。

🐸 宽叶香蒲的花粉可以入药。

姜和它的近亲

本篇介绍的是这样一类单子叶植物，它们的叶片大且光滑，有辛辣、芳香气味。粗根茎可用作香辛料。花横向开放，下方的花瓣是由雄蕊变化而成的。

花浅黄色，近地面开放。

每天有1朵花从苞片中开放。

很少结果。果实成熟后裂开，里边的红色会引来鸟类。

蝎尾蕉的一个品种。苞片呈红色，会吸引蜂鸟。

切开会发现，苞片和花交错叠加了好多层。

开白色花的花。花朵气味芬芳。

花色多种多样，有红、黄、白等颜色。

蘘荷（姜科）
散发独特香气，可以为菜肴增加风味。花浅黄色。较少结果。●多年生草本●8～10月●3cm●原产于中国●蔬菜

姜花（姜科）
花色丰富，具有观赏价值。●多年生草本●7～11月●4～8cm●原产于东南亚

美人蕉（美人蕉科）
具有观赏价值。●多年生草本●1～2m●6～10月●8cm●原产于美洲热带地区

艳山姜（姜科）
叶片散发香味，可以用来包裹年糕。●多年生草本●7月●4～5cm●2cm

光叶山姜（姜科）
生长于温暖地区。果实在秋天成熟，颜色变红。●多年生草本●50～150cm●7月●3cm●1cm

山姜（姜科）
生长于温暖地区的山野。●多年生草本●5～6月●3cm●12～次年1月●1.5cm

女王郁金（姜科）
苞片粉色，具有观赏价值。●多年生草本●1m●15cm（花序）●原产于马来西亚半岛●切花

姜黄（姜科）
将根茎研磨成粉末后可以用作香料或染料。●8～9月●20cm（花序）●原产于亚洲热带地区●药用、咖喱粉

香蕉（芭蕉科）
花着生于红褐色苞片的根部。●多年生草本●6～8月●1～2m（花序）●原产于东南亚

蝎尾蕉（芭蕉科）
依靠蜂鸟传播花粉。有很多品种。●6～11月●原产于南美及南太平洋群岛

鹤望兰（鹤望兰科）
苞片呈鸟嘴状，完全打开后颜色变成橙色。●原产于非洲●切花

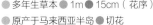

蝎尾蕉的一个品种。苞片呈红色，会吸引蜂鸟。

●生活型 ●高度 ●花期 ●花径 ●果期 ●果径 ●原产地及分布 ●生境 ●利用价值 ●毒性

鸭跖草和它的近亲

本篇介绍的是一类生长在潮湿环境中的单子叶植物，它们的叶片大多为平行脉，叶片基部包住茎。鸭跖草科植物都有 3 片花瓣，但雨久花科植物有 6 片花瓣。花瓣都很薄，看上去轻飘飘的。

鸭跖草花开放的时间非常短，甚至都不到一个白天。

花瓣有 3 片，上面的 2 片完全展开。

装饰雄蕊。黄色非常显眼，能够吸引昆虫。

产生花粉的雄蕊

变种鸭跖草
花瓣大。栽培品种。

种子在秋天散落出来。

种子像沙粒一样粗糙而坚硬。

直到果实成熟苞片也不会脱落。

1 颗果实中有 4 粒种子。

鸭跖草（鸭跖草科）
常见的杂草。蓝色的花朵和优美的花形极为罕见。●一年生草本 ●20～50cm●7～9月●2cm●7～8mm●田边及路边●染料

雄蕊会长出很细的毛。

紫露草的细胞很容易就能被观察到，所以常用于显微镜的观察实验。

果实

果序

紫露草（鸭跖草科）
具有观赏价值。●多年生草本 ●50～90cm●5～8月●2～2.5cm●原产于美洲

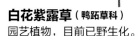

白花紫露草（鸭跖草科）
园艺植物，目前已野生化。
●多年生草本 ●30cm●5～8月●1.5cm●原产于南美洲

花和紫露草的很像。

紫竹梅（鸭跖草科）
园艺植物。叶片紫色。●多年生草本 ●30～60cm●5～11月●2cm●原产于墨西哥

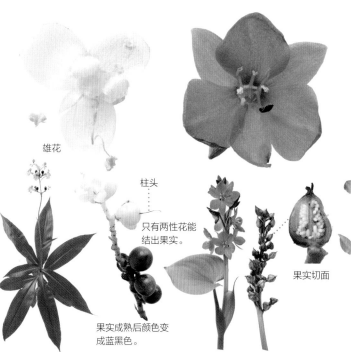

雄花

柱头

只有两性花能结出果实。

果实成熟后颜色变成蓝黑色。

杜若（鸭跖草科）
鸭跖草的近亲。●多年生草本 ●80cm●8～9月●7mm●6mm●树林

果实切面

雨久花（雨久花科）
生长于水边。花朵非常漂亮。
●一年生草本 ●50cm●9～10月●2.5cm●1cm●沼泽

花非常漂亮。

叶柄的切面。叶柄里边有空气，所以能浮出水面。

凤眼蓝（雨久花科）
栽培植物，已在各地野生化。
●多年生草本 ●20～30cm●8～10月●5cm●原产于美洲热带地区

蓝色"恶魔"

凤眼蓝在水面上蔓延生长。花朵成片绽放，非常美丽，但是阻挡了太阳光照到水中，影响其他水生植物及浮游生物和鱼类的健康生长及生存，由此引发的生态问题在世界范围内广泛存在。

即使不播种，凤眼蓝也能够生长蔓延并最终将水面覆盖。（图片拍摄于菲律宾）

最初，白花紫露草是种园艺植物，并且花朵上有斑纹，野生化之后，花朵上的斑纹消失了。

风信子、铃兰和它们的近亲

●本篇介绍的均为天门冬科植物。

本篇介绍的是这样一类单子叶植物，它们通常有3片花萼和3片花瓣，花萼和花瓣的颜色和形状基本相同。本篇中大部分是草本植物，还有一些植物有地下球根。

花散发芳香的味道。

花萼

花瓣

内侧的3片是花瓣，外侧的3片是花萼。

花瓣边缘翘起，便于蜜蜂站立。

花瓣闭合，呈花蕾状。

花很漂亮。

子房

风信子只需水就能生长。

芯一接触火就会展开。

又叫凤梨兰。

花序顶端有叶片，看起来像菠萝一样。

花白色，就像夜空中的星星一样。

有地下球根。

花色丰富。

花坛中的风信子

风信子
种植历史悠久。初春开花。有球根。 ●多年生草本 ●4月 ●4cm ●原产于地中海沿岸

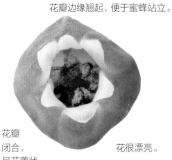

又叫蓝瓶花。

花序

葡萄风信子
花早春开放。植株低矮。有球根。 ●多年生草本 ●3～5月 ●4～5mm ●原产于欧洲 ●光照充足的草地

花序中开着许多小花。

秋凤梨百合
园艺植物。花序形状奇特。 ●多年生草本 ●40～150cm ●7～8月 ●2cm ●原产于非洲

伞花万年青
原产于欧洲等地的园艺植物，已野生化。 ●多年生草本 ●20cm ●4月 ●4cm ●原产于欧洲等地

花呈钟形，花瓣之间相互紧贴。

花下垂开放。

4片花瓣向外翻。

花能引来小甲虫。

花下垂

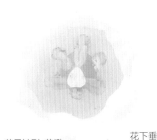

子房

植物的形态如仙鹤起舞，由此得名。

花序

鸟啄食果实。

果序

花朝上开放。

麦冬
叶片细长。种子蓝色。

花序

果实红色。

花序

果实红色。

果实红色。

果实

种子

种子

欧铃兰
铃兰的园艺品种，种植于庭院。 ●多年生草本 ●20cm ●5～6月 ●1cm ●1cm ●原产于欧洲 ●有毒

北方舞鹤草
丛生于高山的树林中。 ●多年生草本 ●8～15cm ●5～7月 ●5mm ●9～10月 ●6mm ●亚高山的树林

鹿药
花白色，像雪花一样。叶片像竹叶。 ●多年生草本 ●20～30cm ●5～7月 ●9mm ●山林

矮小山麦冬
生长于树林中。植株矮小，与麦冬相似。 ●多年生草本 ●20cm ●7～9月 ●9mm

●生活型 ●高度 ●花期 ●花径 ●果期 ●果径 ●原产地及分布 ●生境 ●利用价值 ●毒性

花呈管状,顶端是绿色的。

子房

鸟哨。吹鸟哨时发出的声音,能够驱赶田野里的鸟儿。

茎的切面呈圆形。

花序

镰叶黄精

花1~7朵构成一组,下垂,形似鸟哨。●多年生草本 ●50cm ●5~6月 ●6mm(长2cm) ●山林

果序

果实

茎有棱角。

果实的切面

玉竹

1~2朵花构成一组,向下开放。●多年生草本 ●50cm ●4~5月 ●8mm(长2cm) ●10月 ●1cm

雄蕊弯曲,使熊蜂在吸食花蜜时更易沾上花粉。

花

粉叶玉簪

植株比皱叶玉簪更大。叶片是种野菜。

皱叶玉簪

花蕾很像桥栏杆上的雕饰。

●多年生草本 ●7~8月 ●3cm ●潮湿的山野

在原产地,依靠飞蛾传播花粉。

花序

凤尾丝兰

可在庭院种植。和兰花没有亲缘关系。●常绿树 ●2m ●5~10月 ●4cm ●原产于北美洲

花在光照充足的草地开放。

花序

果序

有鳞茎。

果实

种子

种子随风飘散。

绵枣儿

有鳞茎。花和叶片会留存至秋季。

●多年生草本 ●10~30cm ●8~9月 ●8mm ●7mm ●山野

雄花

鸟儿食用果实并搬运种子。

果实

果实的切面

花向下开放。

石刁柏

花腋生,绿黄色。●多年生草本 ●5~7月 ●3mm ●10月 ●8mm ●原产于地中海至黑海沿岸

嫩芽是蔬菜。

雌花没有雄蕊。

雌花

顶端尖锐。

看起来很像叶片,其实是由茎变化而来的。

有雄株和雌株。

果实

果实的切面

假叶树

看上去,植株的叶片好像会开花。

●常绿树 ●3~5月 ●5mm ●10月 ●6mm ●原产于地中海至黑海沿岸

奇特的蜘蛛抱蛋

蜘蛛抱蛋(一叶兰)多见于庭院及公园。叶片可以用来装饰菜肴。花贴近地面生长,通常会隐藏在土壤或者落叶中。然而这种植物如何传播花粉一直是个谜。近年来,日本生态学者田中肇通过观察,发现了一种吃蘑菇的蕈蚊。蜘蛛抱蛋正是利用自己与蘑菇相似的颜色和气味来诱骗蕈蚊,帮助自己传播花粉的。

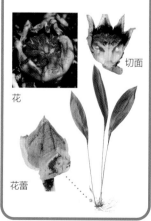

花

切面

花蕾

麦冬果实的果皮薄,剥开后露出蓝色种子。将蓝色种皮剥掉,里边的部分非常有弹性,扔到地上会反弹起来。

葱、石蒜和它们的近亲

●本篇介绍的均为石蒜科植物。

石蒜科都是单子叶植物，叶片柔软，有球根。球根发芽，长出细长叶片和花茎，部分植物的花在茎顶端聚合成球状。石蒜科植物中有许多散发香味的蔬菜，如葱、韭等；也有石蒜、水仙等有毒植物。

葱田。葱花的花序是伞形球状的。

最外边的 3 片是花萼。

细香葱的花序

葱的花序

葱
花从下向上依次开放。

细香葱
野生葱，可人工种植。散发香味。●多年生草本●5～7月●8mm●海岸●食用（叶、球根）

花凋谢后结出黑色种子。

北葱
葱的近亲。●多年生草本●20～30cm●5～7月●1cm●原产于欧洲●食用

大蒜也是葱的近亲。

茖葱
一种野菜。散发大蒜香气。●多年生草本●40～70cm●6～7月●1cm●山林●食用（叶）

花序很大，直径可达10cm以上，可以用来观赏。

大花葱
葱的近亲，种植用于观赏。●多年生草本●5～6月●1cm●原产于亚洲●庭院种植、切花

花序。花不结果，靠鳞茎繁殖后代。

珠芽

鳞茎可以直接食用。

种子黑色。

薤白
野生葱的近亲，可食用。●多年生草本●40～60cm●5～6月●1cm●食用（嫩叶、球根）

韭
散发独特的强烈气味。●多年生草本●30～50cm●8～9月●1cm●原产于中国●食用（叶）

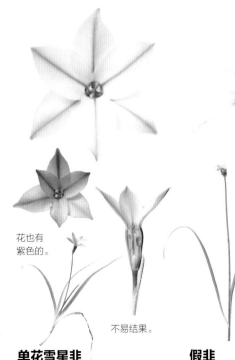

花也有紫色的。

不易结果。

单花雪星韭
园艺植物。花很漂亮，但不可食用。●15～20cm●3～4月●3cm●原产于南美洲

假韭繁殖力强，对其他农作物的生长有害。

通过小球根繁殖后代。

假韭
一种杂草。生长于田中。●多年生草本●40～60cm●5～6月●1cm●原产于北美洲

●生活型 ●高度 ●花期 ●花径 ●果期 ●果径 ●原产地及分布 ●生境 ●利用价值 ●毒性

膨大后变
成果实。

果实红色。通过种
子繁殖后代。

君子兰
花很艳丽，适合做盆栽。●多年
生草本 ●30～50cm ●4～6月
●6cm ●1～2cm ●原产于南非

正在吸食花蜜
的熊蜂。体形
较大的熊蜂会
折断花的根部，
吸食花蜜。

叶片沿地面
生长。

花蓝紫色，聚集生长。

百子莲
种植于庭院。植株大，有球根。
●多年生草本 ●50～100cm ●5～8
月 ●4cm ●原产于南非

花会吸引凤蝶。

开白色花的叫
白花石蒜。

石蒜（彼岸花）
先开花，后长叶。叶片在花凋
谢后的第二年春季长出，花在
秋季开放。●多年生草本 ●30～
50cm ●9月 ●9cm ●有毒

果实成熟后，黑色的
种子散落到各处。

叶片在初春长出，
在初夏枯萎。

血红石蒜
叶片在春季长出，花在初秋开
放。●多年生草本 ●30cm
●8～9月 ●6cm ●山野 ●有毒

花呈钟形，
下垂。

膨大后变成
果实。

雪滴花
在欧洲，雪滴花
的开放宣告了春
天的到来。

夏雪片莲
花形与铃兰的相似，向下开放。
●3～5月 ●1.5cm ●原产于欧洲

黄色的副花冠呈
小碗状。

日本水仙广泛种植
于各地，用于观赏。

日本水仙
鳞茎多汁液，有毒。●12月～次年
4月 ●3cm ●有毒

副花冠呈喇叭状。

黄水仙
副花冠会变大，呈喇叭状。
●多年生草本 ●40cm ●3～4月
●6～8cm ●原产于欧洲 ●有毒

丁香水仙
种类众多的水仙园艺品种之一。
●多年生草本 ●30～45cm ●4月
●8cm ●原产于地中海沿岸 ●有毒

副花冠的边缘是红色的。

红口水仙
副花冠的边缘呈红色。●多年生
草本 ●30cm ●4月 ●6cm ●原产
于欧洲 ●有毒

欧洲水仙
花很小，聚集生长。●30～
40cm ●11月～次年3月 ●2.5～
4cm ●原产于地中海沿岸 ●有毒

单花雪星韭的花散发香味。将单花雪星韭的叶片撕碎，会散发出类似韭菜的味道。

随风滚动的三月花盏

三月花盏生长于南非干燥的草原，是石蒜科的球根植物。图片中的三月花盏正处在开花期。无数朵粉色的花盛开，形成了非常美丽的景色。花结出果实，果序枯萎后被风吹落，像球一样在地面上滚动。三月花盏借助风力传播种子。

花盏属的成长历程 以三月花盏为例进行说明。

秋季至冬季，厚叶片展开，生成营养物质，并将其储存在球根中。植株在夏季进入休眠期。

初秋，花茎伸长，花盛开。花序高达 50cm。

果实成熟后，从植株上掉落下来，在地上随风滚动。

萱草根、番红花和它们的近亲

本篇介绍的植物通常生长在光照充足的草地上，叶片细长直立。阿福花科植物有3片花瓣、3片花萼，且花瓣和花萼大小相同。有些鸢尾科植物的花和阿福花科的花有相似的结构。

夏季，生长在高原上的小萱草开花了。

种子

裂开散出种子。

嫩果实

重瓣萱草（阿福花科）
重瓣花，不结果。嫩芽是种野菜。●多年生草本
●50～100cm ●7～8月 ●12cm ●野菜

嫩芽

萱草的花蕾晒干后可食用。

花红色且坚挺，借助鸟儿传播花粉。

一朵花只开一晚，第二天其他的花再开放。

小萱草
花白天开放，能够引来凤蝶。

长管萱草（阿福花科）
花只开一天。●多年生草本 ●50～70cm ●7～8月
●12cm ●深山草地 ●野菜

萱草根（阿福花科）
花在傍晚开放，气味芬芳，借助飞蛾传播花粉。●多年生草本
●1～1.5m ●7～9月 ●10cm ●2.5cm ●山中草原

木立芦荟（阿福花科）
叶肉质，可入药。●12月～次年2月 ●1cm ●原产于南非 ●药用

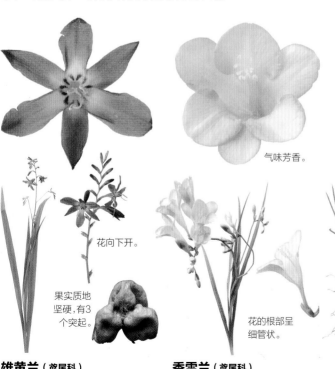

气味芳香。

雌蕊红色，是种香辛料。

花瓣和花萼各有3片。

可以用来做西班牙海鲜饭。

春番红花
早春开花。球根植物。

花蕾和果实是球形的。

小花庭菖蒲
植株高，花是蓝色的。

花向下开。

果实质地坚硬，有3个突起。

花的根部呈细管状。

狭叶庭菖蒲
花朵的颜色比小花庭菖蒲的更蓝。

雄黄兰（鸢尾科）
种植于庭院。通过球根繁殖后代。近年来，已野生化。●多年生草本
●7～8月 ●3～4cm ●原产于南非

香雪兰（鸢尾科）
花芳香，可制作切花。●多年生草本 ●30～45cm ●3～5月
●3～4cm ●原产于南非

番红花（鸢尾科）
雌蕊是种香辛料，价格高昂。
●多年生草本 ●11月 ●4cm ●原产于南欧、土耳其 ●药用、香料

庭菖蒲（鸢尾科）
生长于草丛中。●一年或多年生草本 ●15cm ●5～6月 ●1.5cm ●原产于北美洲 ●草丛、路边

●生活型 ●高度 ●花期 ●花径 ●果期 ●果径 ●原产地及分布 ●生境 ●利用价值 ●毒性

溪荪和它的近亲

●本篇介绍的均为鸢尾科植物。

溪荪的花结构较复杂，外侧最大的3片花被是由花萼变形而来的，方便昆虫站立。雌蕊位于花的中心，有3枚，下面隐藏着雄蕊。

花萼

叶片扭曲，是为了让植株保持平衡。

花被

雌蕊

花被

雄蕊
雌蕊

6枚花被裂片分2轮排列，外轮有3枚花被裂片，比内轮的大。

溪荪
丛生于光照充足的草地。花被上有黄色或白色花纹。具有观赏价值。
●多年生草本 ●30～50cm ●5月 ●7～8cm ●光照充足的草地

黄蜂钻入花中，沾了一背的花粉，帮助溪荪传播花粉。

花纹表示花里有花蜜。

燕子花
生长于水边，花被上有白色条纹。

品种丰富。

玉蝉花
园艺植物。经过改良培育而成。
●多年生草本 ●60～80cm ●5～6月 ●10～20cm ●水边

野生玉蝉花
生长于潮湿田野。

梅雨季节，园里的玉蝉花开得正艳。

花很漂亮，但不结果。

通过地下茎繁殖后代。已野生化。

蝴蝶花
药用植物。原产于中国。●多年生草本 ●30～70cm ●4月 ●5cm ●原产于中国 ●阴湿地

生长于山中潮湿的草地上。

种子黑紫色。

叶片重叠在一起，像一把扇子。

嫩果实

射干
很久以前就被种植在庭院中。●多年生草本 ●50～120cm ●7～8月 ●5cm ●9～10月 ●海岸、山林草地

极其小的花瓣

果实

种子

种子掉入水中，被水带走。

黄菖蒲
园艺植物。生长在水边。已在各地野生化。●多年生草本 ●50～20cm ●5月 ●10cm ●10月 ●原产于欧洲

花有两轮花瓣。昆虫钻进花朵中，会在背上沾满花粉。

不同颜色的品种。

德国鸢尾
园艺植物。原产于欧洲。●多年生草本 ●60～90cm ●5月 ●10cm ●排水良好的沙质土壤

唐菖蒲
球根植物。有多种颜色的花。
●多年生草本 ●80cm ●6～10月 ●6cm ●原产于非洲等地

唐菖蒲和月季、康乃馨、菊花一样，都是世界知名的鲜切花。

兰花和它的近亲

●本篇介绍的均为兰科植物。

兰科植物的花看上去有 6 片花瓣，其实外侧的 3 片是花萼，最下面有 1 片形状独特的花瓣，叫作唇瓣。雌蕊和雄蕊合生后形成合蕊柱。花粉是块状的，会沾在来访的昆虫身上，传播给其他花。

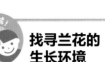

沾在昆虫头上的兰花花粉块

果实

果实的切面

种子轻，像浮尘一样飘浮在空中。

种子在菌类的帮助下发育。

种子很小，数量非常多。种子里面没有发芽所需的养分。

唇瓣凹凸不平，便于昆虫站立。花中没有花蜜，但鲜艳的花瓣能吸引蜜蜂钻入花中。

膨大变圆的根茎

切面

合蕊柱
雄蕊和雌蕊贴合在一起。

找寻兰花的生长环境

兰花大致可分为地生和附生（附着在其他树上生长）两种类型。附生兰花常见于热带地区。

生长在树上的蜈蚣兰，很像紧紧抓住树干的蜈蚣。

白及

花很漂亮，可种植于庭院。野生种生长于溪流的岩壁上，但数量在锐减。●多年生草本 ●30~70cm ●4~5月 ●5cm ●4~5cm

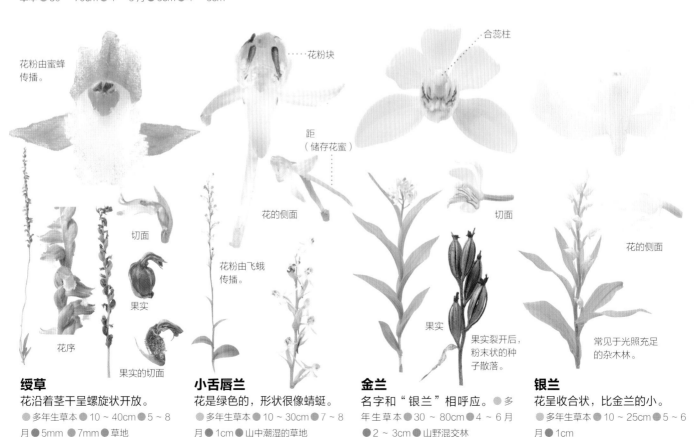

花粉由蜜蜂传播。

花粉块

合蕊柱

距（储存花蜜）

花的侧面

花粉由飞蛾传播。

切面

果实

切面

花的侧面

常见于光照充足的杂木林。

切面

果实

花序

果实的切面

果实

果实裂开后，粉末状的种子散落。

绥草
花沿着茎干呈螺旋状开放。
●多年生草本 ●10~40cm ●5~8月 ●5mm ●7mm ●草地

小舌唇兰
花是绿色的，形状很像蜻蜓。
●多年生草本 ●10~30cm ●7~8月 ●1cm ●山中潮湿的草地

金兰
名字和"银兰"相呼应。●多年生草本 ●30~80cm ●4~6月 ●2~3cm ●山野混交林

银兰
花呈收合状，比金兰的小。
●多年生草本 ●10~25cm ●5~6月 ●1cm

●生活型 ●高度 ●花期 ●花径 ●果期 ●果径 ●原产地及分布 ●生境 ●利用价值 ●毒性

合蕊柱

花的
切面

唇瓣上有褶皱
突起。

叶片表面有天鹅绒般的
光泽。

生长于常绿树林中的地
面上。

早春开花。

春兰
生长于杂木林中。●多年生草本
●10 ~ 25cm●3 ~ 4 月●5cm
●5 ~ 7 cm●山野杂木林

绒叶斑叶兰
生长于树林中，叶片有光泽。
●多年生草本●10 ~ 15cm●8 ~ 9
月●1cm●山中杂木林

风兰
附生兰花。有很长的距。濒临
灭绝。●多年生草本●7 月●2cm

细茎石斛
附生兰花。●多年生草本●5 ~ 6
月●4cm●潮湿的树林

尾唇羊耳蒜
花瓣呈丝状，唇瓣呈长卵形。
●多年生草本●5 ~ 7 月●2cm

羽蝶兰
生长于山中，濒临灭绝。●多年
生草本●5 ~ 15cm●6 ~ 8 月●2cm

朱兰
看到朱兰，会让人想到朱鹮的
羽毛。●多年生草本●7 ~ 8 月
●3cm●山中潮湿的草原

鹭兰
花形似白鹭。●多年生草本●8
月●3cm●山中潮湿的草原

虾脊兰的
园艺品种

合蕊柱

唇瓣的形状
很像飞机。

钻进去的蜜蜂，会从花上面
的开口钻出。出来时，
身上沾满了花粉。

合蕊柱

蜜蜂从这里进去
之后无法原路钻
出来。

出口

切面

大花杓兰
多见于山中。
花非常漂亮，

野生的虾脊兰

虾脊兰
生长于山地，也可以人工栽植。
野生种濒临灭绝。●多年生草本
●30 ~ 50cm●4 ~ 5 月●3cm

扇脉杓兰
濒临灭绝。●多年生草本●20 ~
40cm●4 ~ 5 月●10cm●树林中

寄生于菌类的兰花（依靠菌类生存的异养植物）

有的兰花不含叶绿素，不能进
行光合作用。例如天麻，无根
无叶，不能进行光合作用，依
靠菌类供应的营养生长繁殖。

花

也有花色
为朱红色
的品种。

切面

天麻
根粗。植株高达 1m。
●多年生草本●6 ~ 7 月
●7mm●杂木林●药用

花

血红肉果兰
秋季，结出红色果实。●
多年生草本●6 ~ 10cm（长度）

虎舌兰
生长于积满落叶的地面。●多
年生草本●6 ~ 7 月●潮湿的树林

兰花的种子在自然条件下很难发芽，用常规方法播种是不行的，可使用人工培养的方法进行繁殖。

世界各地的兰花

从世界范围来看，兰花品种众多，仅野生品种就有 3 万多种，杂交的栽培品种数量也相当可观。兰花的花朵很漂亮，结构独特，色彩也很丰富。下面介绍一些产自世界各地的兰花品种。

文心兰属的一种
（未定名）

蝴蝶石斛

文心兰的园艺品种

鸟喙文心兰

双峰石斛

羚羊石斛

人面石斛

多色角石斛

橙角石斛

雪山石斛

堇色石斛

尖刀唇石斛

魔鬼石斛

帝王硬尾萼兰

齿舌兰属的一种
（未定名）

卡特兰的园艺品种

美洲兜兰属的一种
（未定名）

长臂卷瓣兰

拟态为昆虫的兰花（欧洲）

一些生长在欧洲和澳大利亚的兰花，它们的花瓣演化成雌蜂的样子，引得雄蜂飞来交配，这样雄蜂的身上就会沾上花粉，兰花的花粉得以传播。不仅如此，有的植物甚至能够分泌出类似雌性蜜蜂分泌的"信息素"来吸引雄蜂。

花粉块

和雌蜂很像的花瓣

蜂兰

①雄蜂完全被骗，把兰花的花瓣误认作雌蜂。②雄蜂着急要与雌蜂交配。③钻进兰花中，头上沾满花粉块。

拟态为昆虫的各种兰花

多花兰　　　　飞鸭兰

镜蜂兰

暗脉槌唇兰（澳大利亚）

唇瓣　　　　　　　真正的雌蜂

花的唇瓣"伪装"成雌蜂，雄蜂想要抱着"雌蜂"飞起来。于是，唇瓣像锤子一样来回晃动，雄蜂撞到右侧的合蕊柱而沾上花粉。

黑紫树兰

橙香尾萼兰

兔唇树兰

蓝瓷兰

沙地灵蛛兰

世界上最大的兰花

斑被兰

茎长7m，植株重2吨，1棵植株上能开1万朵花。

你看到了什么？

兰花的结构复杂多样。仔细观察，能看出人和动物的脸。

"猴子"的脸

举起双手的"人"

白猴子兰　　　雄兰

正在跳舞的"人"

猴面小龙兰

百合和它的近亲

●本篇介绍的均为百合科植物。

和玫瑰一样，百合也备受人们喜爱。本页集中展示了一些百合科植物，它们大多花瓣呈放射状，上面有红色的斑点，能引来喜欢红色的凤蝶。郁金香及其各种园艺品种也属于百合科。

吸引凤蝶的卷丹百合

斑点会引来凤蝶。

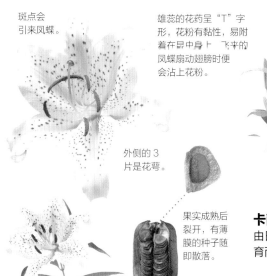

雄蕊的花药呈"T"字形，花粉有黏性，易附着在昆虫身上。飞来的凤蝶扇动翅膀时便会沾上花粉。

外侧的3片是花萼。

果实成熟后裂开，有薄膜的种子随即散落。

卡萨布兰卡
由日本的百合培育而来。

有鳞茎，可食用。市面上售卖的鳞茎通常是卷丹的。

花瓣牛红色，能够引来凤蝶。

没有珠芽

珠芽

大花卷丹
生长于山野草原。

红色斑点能引来凤蝶。

卷丹等杂交而成的百合品种。

在日本的四国及九州地区偶尔可见野生品种。

天香百合
生长于山野的野生百合。花大且漂亮，散发浓郁香气。●多年生草本 ●1～1.5m ●7～8月 ●15～20cm ●10～11月 ●5～8cm ●山地、丘陵 ●观赏、食用（百合根）

卷丹
常种植于庭院，鳞茎可食用。
●多年生草本 ●1～2m ●7～8月 ●10～12cm ●田边、村庄

美丽百合
日本野生百合，花非常漂亮。
●多年生草本 ●1～1.5m ●7～9月 ●15cm ●3～4cm ●山地

随风飞扬的心叶大百合种子

心叶大百合的果实成熟后裂开，里面的种子紧密排列。种子有翅。用手晃动植物的茎，无数的种子就会飞出来。

到了晚秋，来树林中找找种子吧。

种子利用风力散播。

种子有翅，会随风飘散。

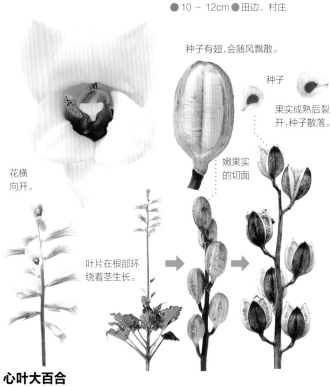

花横向开。

种子

果实成熟后裂开，种子散落。

嫩果实的切面

叶片在根部环绕着茎生长。

心叶大百合
生长于山中。开花后，植株便枯萎。●多年生草本 ●1m ●7～8月 ●5cm ●5cm ●潮湿的树林

黑贝母
高山植物。花是巧克力色的。

浙贝母
药用植物。庭院中有种植。●多年生草本 ●3～5月 ●4cm ●原产于中国 ●药用

郁金香的园艺品种

盛开在土耳其草原上的郁金香，曾在 17 世纪的欧洲掀起过种植热潮。以荷兰为中心开展的郁金香品种改良工作一直在进行。目前，已经培育出 5000 多个品种。郁金香的花颜色丰富，形状多样。

郁金香在荷兰广泛种植，产量世界第一。

郁金香的结构

鳞茎伸长，顶端开出花朵。花有 6 片花瓣和 6 枚雄蕊，雌蕊长在花的中央。

雌蕊
花瓣
雄蕊

花的开合

郁金香的花白天开放，夜晚闭合。花依据温度开合，而非光照。

12℃ → 21℃ → 24℃

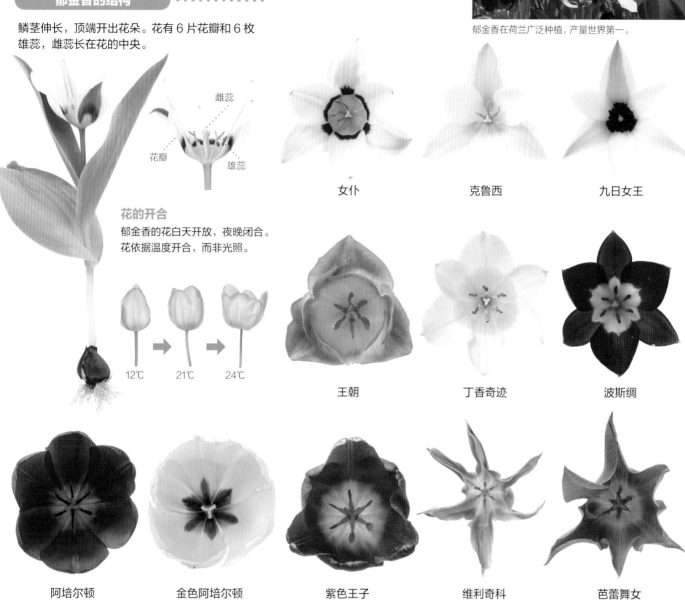

女仆	克鲁西	九日女王
王朝	丁香奇迹	波斯绸

阿培尔顿	金色阿培尔顿	紫色王子	维利奇科	芭蕾舞女

月神

伊丽莎白

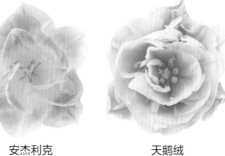

安杰利克

天鹅绒　性感触觉

😊 17 世纪，郁金香被引入欧洲，随后便受到人们的狂热追捧，掀起了全民种植热潮。这股热潮使得郁金香的栽种数量远大于需求量，最终引发了金融危机。

猪牙花和它的近亲

猪牙花是百合科植物，其生长于地下的鳞茎中会发育出叶和茎。秋水仙科是百合科的近亲，有许多漂亮的园艺植物，也有许多有毒的野生植物。

早春时节，猪牙花在落叶林中开花，春末种子成熟后，植株便消失了。

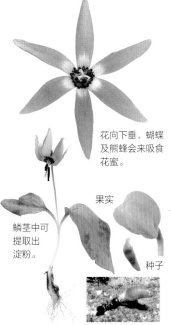

花向下垂，蝴蝶及熊蜂会来吸食花蜜。

鳞茎中可提取出淀粉。

果实

种子

正在搬运种子的蚂蚁

猪牙花（百合科）
生长在早春的落叶林中。花在晴天开，非常美丽。●4～6月 ●5～7cm ●山林 ●过去用于提取淀粉

细长的叶片

叶片和花茎从鳞茎中长出。

花在温暖的白天开放。

早春，丛生于野外及光照充足的杂木林。

老鸦瓣（百合科）
郁金香近亲。●多年生草本 ●10cm ●3～5月 ●3cm ●混交林、原野

几朵白花在花径顶端开放。

果实是蓝色的，成熟后会被鸟类啄食。

果实

七筋姑（百合科）
叶片宽大，从地面伸出。●多年生草本 ●20～40cm ●5～7月 ●1cm ●1cm ●深山丛林

斑点很像杜鹃鸟胸部的花纹。

雄蕊和顶端分裂的雌蕊直立，像喷泉一样。

熊蜂吸食花蜜。

嫩果实

油点草
生长于山林、草丛或岩石缝隙中。

台湾油点草（百合科）
作为园艺植物栽培。●多年生草本 ●30～80cm ●9～10月 ●3cm ●日本冲绳（西表岛）、中国台湾

果实有3室，成熟后裂开，露出红色种子。

六出花（六出花科）
花很漂亮，和百合的很像。作为切花栽植。●多年生草本 ●5～7月 ●5～6cm ●原产于南美

在秋季开花。

先开花，后长叶。

花的根部呈细长的管状。

秋水仙（秋水仙科）
作为球茎植物栽培。有剧毒。●多年生草本 ●30cm ●9～10月 ●欧洲、北非 ●药用、庭院种植 ●剧毒

花边卷曲。

叶片顶端扭曲成须状。

花下垂。

根部与山药相似。

嘉兰（秋水仙科）
藤本植物。原产于非洲。作为切花栽培。花很漂亮，但有剧毒。●多年生蔓生草本 ●80～150cm ●6～7月 ●6cm ●剧毒

花形似宫灯，下垂。

伸出。

花的上面有小突起，像是用手指捏出的一样，里面存储着花蜜。

提灯花（秋水仙科）
花下垂，形状可爱。作为切花栽培。●多年生草本 ●6～7月 ●2.5cm ●原产于南非

●生活型 ●高度 ●花期 ●花径 ●果期 ●果径 ●原产地及分布 ●生境 ●利用价值 ●毒性

菝葜和它的近亲

菝葜科和百合科是近亲，它们都是单子叶植物。本篇中除了菝葜是灌木以外，其他都是生长在山中的多年生草本植物。日本延龄草有3片展开的叶子。花朵在叶片中间开放，由3片花萼和3片花瓣组成。

宝铎草，丛生于树间空地。花凋谢后结出果实，果实成熟后颜色变黑，被鸟类啄食。

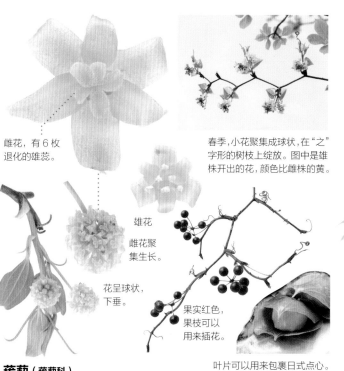

雌花，有6枚退化的雄蕊。

春季，小花聚集成球状，在"之"字形的树枝上绽放。图中是雄株开出的花，颜色比雌株的黄。

雄花
雌花聚集生长。

花呈球状，下垂。

果实红色，果枝可以用来插花。

叶片可以用来包裹日式点心。

果实

花瓣有6片，从基部分开。

子房膨大后成为果实。

花下垂，逐朵开放。

丛生于林下。

菝葜（菝葜科）
攀缘生长。茎上有尖刺。●攀缘灌木●2m●4～5月●6～8mm●10～11月●7～9mm●山野●药用、插花、日式点心

宝铎草（秋水仙科）
花1～3朵，垂挂在枝头。●多年生草本●30～60cm●4～5月●2.5cm（长度）●1cm●杂木林●有毒

山东万寿竹（秋水仙科）
植株矮小，很像百合。●多年生草本●15～30cm●4～5月●1.5cm●8mm●山野●有毒

花朵聚集生长。

叶片常绿，沿地面铺开。

果实成熟后裂开，丝絮状的种子轻盈地随风飞走。

花的颜色从黄绿色变成咖啡色。

3片绿色花萼和3片白色花瓣组成1朵花。

两性花

果实

果实

种子中含有蚂蚁喜欢的油质体。

雄花和两性花聚集成穗状。

东方胡麻花（藜芦科）
雌蕊很长，从花朵中伸出。●多年生草本●10～40cm●3～5月●3cm●山林及湿地

日本延龄草（藜芦科）
3片叶片展开，像风扇的扇叶一样。●多年生草本●3～5月●2～3cm●山林及沼泽●有毒

延龄草（藜芦科）
植株与日本延龄草很像，但花是白色的。●多年生草本●4～5月●3～4cm●8～9月●1.5cm●山林●有毒

尖被藜芦（藜芦科）
生长于山林及潮湿草原。植株高大。●多年生草本●1～2m●6～8月●2cm●2cm●有毒

😊 像猪牙花这样，只在春天短时间开花的多年生草本植物叫作多年生短命植物。

棕榈的雄株（左）和雌株（右）

雄花　雌花

棕榈和它的近亲

棕榈科的植物大多为生长在热带及亚热带的常绿乔木。树干在植株生长初期就会变粗，之后粗细不再发生变化，且没有年轮。棕榈科植物中大多数种类都具有较高的经济价值。

各种各样的棕榈果实

海枣的干果

海枣
在北非和中东地区叫作枣椰。果实成熟后变软，可做成干果或果脯。

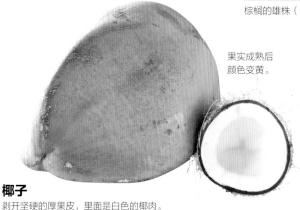

果实成熟后颜色变黄。

椰子
剥开坚硬的厚果皮，里面是白色的椰肉。果汁是椰汁。果实随大海漂流，将种子传播到其他地方。

椰子是热带地区重要的植物资源。

槟榔
生长于亚洲热带地区。果实是一种类似口香糖的休闲食品，嚼食后，口腔会变红。

散尾葵
又叫黄椰子。室内观赏植物。果实不可食用。

蛇皮果
自然生长于东南亚。果实的皮纹像蛇皮，果肉可直接食用。

种子

亚山槟榔
原产于印度尼西亚。在亚洲热带地区，果实作为槟榔的替代品被食用。叶片可用来修葺屋顶。

棕榈（棕榈科）
有雄株和雌株。●10m●5～6月●1cm●麻绳、扫帚、庭院树

椰子（棕榈科）
生长在热带岛屿地区。果实随海水漂流。●30m●15～30cm●原产于亚洲东南部等地●刷子、食用、油

加那利海枣（棕榈科）
喜高温多湿的气候，同时也有一定的耐寒性。●10m●2cm●原产于加那利群岛

海枣（棕榈科）
古埃及时期已有种植。●20m●3～5cm●原产于西亚和北非地区●食用

嫩果序

亚山槟榔（棕榈科）
果轴红色，上面长满果实，果实成熟后变黑。●7m●原产于印度尼西亚●温室

槟榔（棕榈科）
果实成熟后变红，含有能刺激神经的物质。●10m●5cm●原产于马来西亚●温室

小笠原露兜树（露兜树科）
根像章鱼腿一样张开。有雄株和雌株。●3～6m●7月●20cm●小笠原群岛●食用

林投（露兜树科）
果实成熟后可食用。●2～6m●6～8月●15～20cm●食用、篮子、草鞋

泽泻 和它的近亲

泽泻、水鳖的近亲生长于岸边及水中。花瓣有 3 片，平铺在水面上，花蕊露出水面，便于昆虫运送花粉。除此之外，其中也有一些草本植物生长于海中，依靠海水运送花粉。野山药是藤本植物，有地下块茎。

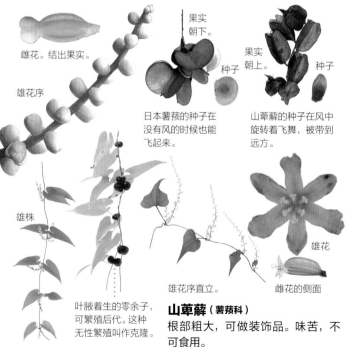

花瓣

雄花

嫩果实

叶形独特。

未成熟的果实

丛生于池塘和湿地。

野慈姑球茎

雌花的子房膨大后变成果实。

野慈姑（泽泻科）
生长于水田和沼泽。结出顶端尖尖的球茎。改良后的品种球茎顶端有尖尖的嫩芽，可做成菜肴。●多年生草本 ●20～80cm ●8～10月 ●2～3cm

雌花。结出果实。

雄花序

果实朝下。

果实朝上。

种子

种子

日本薯蓣的种子在没有风的时候也能飞起来。

山萆薢的种子在风中旋转着飞舞，被带到远方。

雄株

雄花

雄花序直立。

雌花的侧面

叶腋着生的零余子，可繁殖后代。这种无性繁殖叫作克隆。

山萆薢（薯蓣科）
根部粗大，可做装饰品。味苦，不可食用。

日本薯蓣（薯蓣科）
块茎又粗又大，捣碎后可以做山药饭。叶腋着生的零余子也可以食用。有雄株和雌株。●缠绕草质藤本 ●7～8月 ●2～3mm ●2cm ●树林、路边 ●日式山药饭

漂浮在有珊瑚礁的海上的海菖蒲的雄花。

无数海菖蒲的雄花漂浮在海上。

雄花

雄花漂浮在海面上，很像一只只小船。

雌花的柱头张开，托住漂来的雄花。

雌花茎很长，可触到海面。柱头分裂成 3 部分。

雄花在植株根部发育，成熟后会伸出水面开花。

生长在温暖的海域中。

海菖蒲（水鳖科）
生长于海中。不是海藻，而是一种开花的海草。●多年生草本 ●7～8月的大潮 ●4～5cm（雌花）、3～4mm（雄花）●热带、亚热带 ●入海口的浅海沙滩上

克隆是一种无性繁殖技术，通常，植物通过块茎、珠芽、球根等进行无性繁殖。

天南星和它的近亲

●本篇介绍的均为天南星科植物。

天南星科植物都是单子叶植物。叶片和花序大多从地下茎上直接长出。花通常为单性，紧密围绕肉质的花序轴生长形成肉穗花序。包住花序的大苞片叫作佛焰苞，是由叶片变化而来的。

沼芋，代表春天的花。

佛焰苞。散发出与蘑菇相似的气味以吸引蕈蚋。

秋季，果实成熟后变红，形成的果序看起来很像玉米。

果实

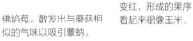

天浦岛南星
佛焰苞的顶端就像钓鱼线一样长长地垂下来。

蕈蚋会钻进雄花并沾上花粉，帮助传播花粉。

蕈蚋

茎部花纹独特。

地下的块茎

雌株。绿色的雌花正在等待受粉。

雄株。雄花中仅有雄蕊。

细齿南星
佛焰苞中有肉穗花序。有雄株和雌株，依靠蕈蚋传播花粉。●多年生草本 ●1m ●4～6月 ●有毒

发热并散发出腐肉的味道。

花序会发热，并散发臭气。

在上图中，每个方形区域内长有1朵花。上面的是雄花，下面的是正处于雌蕊期的花。

臭菘
花在早春开，并散发臭气。 ●多年生草本 ●40cm ●3～5月 ●湿地 ●有毒

巨花魔芋
世界上最高的花。花茎高达4m。花散发臭味。●4m 苏门答腊岛（印度尼西亚）的热带雨林

花有香味。白色部分是佛焰苞。

图中是一朵正处于雄蕊期的花。

花凋谢后，佛焰苞枯萎并长出果实。

马蹄莲
园艺植物。佛焰苞是白色的，非常漂亮。●多年生草本 ●5～6月 ●原产于南非 ●庭院种植、切花、盆栽

果序完全成熟后变成胶状物质，有甜味，会吸引熊来食用。

沼芋
先开花后长叶。●多年生草本 ●20～80cm ●5～7月 ●12cm ●湿地 ●有毒

花烛
佛焰苞是红色的，有光泽。●多年生草本 ●30～80cm ●5～10月 ●原产于中美洲、南美洲 ●切花

佛焰苞呈喇叭状展开，在其根部开出雄花和雌花。

仔细观察佛焰苞的内部。黄色颗粒是雄花，红色颗粒是雌花。

巨魔芋
生长于热带雨林。花序的直径超过1.5m，高度超过3m，是世界上花序最大的花。花开放的时间短，散发出浓烈臭气。●多年生草本 ●约7年开一次花，每次仅开花两天 ●苏门答腊岛（印度尼西亚）的热带雨林

●生活型 ●高度 ●花期 ●花径 ●果期 ●果径 ●原产地及分布 ●生境 ●利用价值 ●毒性

樟、蜡梅和它们的近亲

樟、蜡梅和它们的近亲的花结构原始，花瓣和花萼的区别并不明显。其中一些植物的花中除了雄蕊和雌蕊，还有较为显眼的黄色腺体，能够吸引昆虫。树枝及叶片会散发香气，可作为香料使用。此外，叶片边缘无齿。

常绿大乔木，枝叶繁茂，叶片有光泽。（照片拍摄于日本京都府的青莲院）

雌蕊　腺体

散发清香味道的钓樟花

成熟的果实

落叶树。花黄色，在早春开放。

雄蕊

大果山胡椒
山中的落叶树，种子含有油分。

红楠（樟科）
大型的常绿树。常见于温暖地区。● 常绿树 ●20m ●4～5月
●1cm ●7～8月 ●1cm ●纸浆、线香

果实黑色，表面光亮，会吸引鸟类来食用。

绿色果肉含有油分，与同科植物鳄梨一样。

雄花

果实成熟后颜色变黑。

叶片可用于烹饪。

雌花

樟（樟科）
枝叶被撕开后散发出清香的味道。可制作防虫剂。● 常绿树
●30m ●5～6月 ●4mm ●10月～次年1月 ●8mm ●樟脑、建筑材料

月桂（樟科）
叶片是种调味料。枝叶可以做桂冠（一种帽子，古代用来授予杰出人士）。● 常绿树 ●4月 ●5mm ●9mm ●原产于地中海沿岸

用树枝制作的竹叉

雌花

雄花

雄花枝

花朵芬芳。

叶片背面发白。

果实中的坚硬种子会被鸟类带走。

果实在冬季成熟，颜色变红。

雌花

钓樟（樟科）
树枝被折断后散发出清香味。有雄株和雌株。花在嫩叶的下面开放。
●落叶树 ●2m ●4月 ●5mm ●9～10月 ●6mm ●牙签、工艺品

舟山新木姜子（樟科）
常绿树。有雄株和雌株。叶片有光泽。● 常绿树 ●10～15m
●10～11月 ●3mm ●10月～次年1月 ●1.2～1.5cm ●器具

雌蕊期

果实

雌蕊期

雄蕊期

果实

雌蕊期

素心蜡梅
园艺品种。内侧花瓣都是黄色的。

雄蕊期

美国蜡梅
花是绿色的，散发哈密瓜的香味。

蜡梅（蜡梅科）
先开花，后长叶。花在气候比较寒冷的早春时节开放，散发浓郁的香味。
●落叶树 ●2～5m ●1～2月 ●2cm ●3cm ●原产于中国 ●庭院树 ●有毒（种子）

被粉美国蜡梅（蜡梅科）
花向上开，花瓣为巧克力色。 ●落叶树 ●2～5m ●5～6月 ●3.5cm
●3cm ●原产于北美洲 ●庭院树 ●有毒（种子）

蜡梅科植物的花有光泽，质地像蜡一样坚硬。雌蕊先成熟，雄蕊后成熟。

紫玉兰、北美鹅掌楸和它们的近亲

●本篇介绍的均为木兰科植物。

紫玉兰和它的近亲们是非常原始的被子植物。花瓣、雄蕊、雌蕊在花中心的轴上呈螺旋状着生。花有多枚雌蕊，结出的果实为聚合果。

紫玉兰的花在早春开放，与玉兰的花很像，但颜色不同。

开花第一天

雌蕊先打开。

雌蕊闭合后，雄蕊打开。

花的侧面

开花第二天

多枚雌蕊聚集生长。

花非常大。

雄蕊。开花第三天即掉落。

果实。多枚雌蕊聚集形成聚合果。

聚合果长 10 ~ 15cm，种皮含有油分，能够引来鸟类啄食。

种子

仰望时看到的大树的样子。

叶片长达 40cm，在花的四周展开。

叶片清香，可用于烹饪。

乌鸦正在啄食种子。

日本厚朴
花直径可达 20cm，散发浓烈的甜蜜气味。●落叶树 ●30m ●5 ~ 6 月 ●9 ~ 11月 ●14cm ●药用、木屐、木牌

种植于庭院中的荷花木兰

聚合果

种子成熟后露出。

花瓣背面及正面均为深紫红色。

花比日本辛夷的稍大。

花的侧面

玉兰
比紫玉兰树更高。花瓣为白色。

聚合果

花枝

叶片厚，有光泽。

果枝

果枝

早春开花的木兰科植物

荷花木兰（广玉兰）
原产于北美洲。非常高大。花大，散发清新的香味。●常绿树 ●20m ●6月 ●15 ~ 20cm ●10 ~ 11月 ●8 ~ 12cm ●公园树

紫玉兰
园艺植物。与白玉兰杂交出许多园艺品种。花是紫色的。●落叶树 ●3 ~ 5m ●4月 ●10cm ●5 ~ 8cm ●原产于中国 ●庭院树

野生的
天女花

雄蕊为红色的园艺品种

花枝

天女花

生长在深山中。花非常美丽，向下开，气味芬芳。●落叶树●4 ~ 5m ●5 ~ 7月●5 ~ 10cm ●9 ~ 10月

恐龙时代出现的木兰科植物

木兰科植物的祖先在恐龙生存的中生代便已出现。它们不分泌花蜜，靠香味和花粉吸引昆虫。

在中生代白垩纪的地层中，发现了木兰的树叶化石。

天女花的花中
有一只天牛。

花也有粉色的。

花瓣多。

花枝

星花玉兰

花瓣数量多。野生品种的数量锐减。●落叶树●5m ●3 ~ 4月●10cm ●10月●庭院树

果枝

果实看起来很像握紧的拳头。

花蕾干燥后可入药。

花瓣有 6 片。

聚合果

种子垂挂在丝线上。

花的根部只有 1 片叶子。

日本辛夷

生长于山野。花有香味。它的开放宣告了春天的来临。●落叶树●15m ●4月●7 ~ 10cm ●10月●7 ~ 10cm ●药用、庭院树、行道树

果枝

撕碎的叶片散发清香味。

先开花，后长叶。

聚合果。果实成熟后悬挂于丝线上。

柳叶玉兰

日本特有种，多见于日本沿海地区。●落叶树●10m ●4 ~ 5月●10cm ●10月●7 ~ 8cm ●山林●庭院树

花闻起来有香蕉的香味。

广泛栽植于各地。

台湾含笑
大型常绿树。

花枝

含笑花

常绿灌木。原产于中国。多种植于庭院。叶片有光泽。花散发香味。●常绿树●3 ~ 5m ●5 ~ 6月●3cm ●原产于中国

花看上去和郁金香的很像。

聚合果

果实

果实有翅，一枚枚旋转落下。

种植在路边的北美鹅掌楸

叶片的形状很像马褂。

花枝

北美鹅掌楸

种植于公园及路边。大型树。在原产地北美洲，蜂鸟会吸食其花蜜，并传播花粉。●落叶树●20m ●5 ~ 6月●5 ~ 6cm

试一试！ 比一比各种木兰的聚合果

木兰科植物的聚合果大致可以分成 3 种类型。

种子从间隙中露出。

日本厚朴的果实

·荷花木兰
·日本厚朴

果实看起来和葡萄很像。外壳坚硬，开裂。

台湾含笑的果实

·台湾含笑

果实垂挂在丝线上。

日本辛夷的种子

·日本辛夷
·天女花

马兜铃和它的近亲

马兜铃科

● 本篇介绍的均为马兜铃科植物。

马兜铃科植物是原始的被子植物。它们的花的颜色和形状都很奇特，雄蕊和雌蕊被花瓣包裹。花能散发出人类闻不到苍蝇却能闻到的气味，吸引它们前来，以便传播花粉。

蔓延生长的马兜铃

散发特殊的味道，能吸引苍蝇传粉。

里边有雄蕊和雌蕊。

侧面

开花第一天，花的内部

毛倒生，之后也不会变顺。

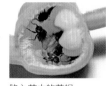

陷入花中的苍蝇

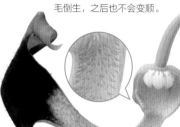

叶片和茎有毒，但麝凤蝶能够在这里产卵。

雌蕊。
开花第一天，雌蕊是这朵花的主角，接收沾在苍蝇身上的其他花的花粉。

开花第二天，花的内部

毛很短，苍蝇沾上花粉后能顺利钻出去。

内部发亮。苍蝇会被亮光和气味吸引，钻进去。

雄蕊。
开花第二天，雄蕊成熟，苍蝇沐浴在花粉的海洋中。

麝凤蝶的幼虫吃马兜铃长大。体内会留有毒性，因而不会被鸟儿吃掉。

种子

果实

马兜铃
生长于山野。藤本植物。整株有毒。没有花瓣，花萼像喇叭一样将整朵花包裹住。●多年生草质藤本 ●1m ●6～8月 ●1.3cm（长2.5cm）●1.5cm（长度）●山野的草地、河滩 ●有毒

果实成熟后裂开，下垂。很像挂在马脖子上的响铃，由此得名。

雌蕊

花萼
看起来像花瓣。

花萼内侧凹凸不平。

马兜铃的近亲

大叶马兜铃
生长在山中。花看起来和乐器萨克斯很像，吸引苍蝇传播花粉。
●常绿木质藤本
●3～5月 ●2cm
●山林

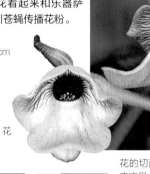

花

花的切面。弯曲成一个大写的英文字母"J"。

花贴近地面开放。模仿蘑菇的形态，吸引苍蝇来传播花粉。

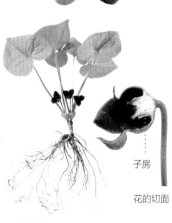

花的侧面

子房

花的切面

日本细辛
叶片呈心形。花贴近地面开放。
●多年生常绿草本 ●10月～次年2月 ●2cm ●山林

汉城细辛
叶片柔软。●多年生草本 ●3～4月 ●2cm ●山中潮湿的林地

藤本植物，攀缘生长。

美丽马兜铃
藤本植物。花完全展开后直径可达10cm，看起来像烟斗，很有趣。可以在温室里种植。在它的近亲植物中，有的花甚至比人脸还大。

●生活型 ●高度 ●花期 ●花径 ●果期 ●果径 ●原产地及分布 ●生境 ●利用价值 ●毒性

鱼腥草、草珊瑚和它们的近亲

本篇植物的花都只有雄蕊和雌蕊。虽然没有花瓣，但是这些植物依然可以利用其他部位吸引昆虫，比如鱼腥草白色的总苞、三白草白色的叶片、草珊瑚和及己长有白色纹路的雌蕊。

丛生的银线草

雄蕊
雌蕊
花序。由许多小花聚集而成。
1 朵花。没有花瓣。
花序的侧面
总苞
重瓣花的鱼腥草，是一种园艺植物。
果实

果序。排列生长着许多果实。

夏季，叶片局部颜色变白。
果实
果实

鱼腥草（三白草科）
生长于潮湿的庭院。花白色，呈"十"字形。整株散发强烈的气味。可入药。●多年生草本 ●30～50cm ●6～7月 ●4mm（花序3cm）●潮湿的半阴环境 ●茶、药用

三白草（三白草科）
开花时，叶片颜色会变白以吸引昆虫来传粉。●多年生草本 ●6～8月 ●2mm ●2mm ●湿地

胡椒

食用胡椒（胡椒科）是原产于印度的藤本植物。果实有涩味和香气，能够为菜肴增加风味。

干燥后的胡椒果实　　磨成细粉后使用

胡椒果实下垂。

花
没有花瓣。
雄蕊
柱头
雌蕊的侧面长出雄蕊。
雌蕊（子房）
花的侧面
雄蕊的花药，这里产生花粉。
雌蕊残留的痕迹
雄蕊残留的痕迹
花枝
花序
果枝
果序

雌蕊
白色的是药隔，黄色的是产生花粉的花药。
花序
花凋谢后，叶片和茎变大。
果序

花的切面
雌蕊

果实
花序　　果序

草珊瑚（金粟兰科）
虫媒花，花不显眼。雄蕊从雌蕊侧面伸出。花凋谢后，雄蕊凋落，并在果实上残留成一个黑色的小点。●常绿树 ●70cm ●6～7月 ●2mm ●6mm ●庭院树、节庆装饰

银线草（金粟兰科）
1 个花穗从叶片之间长出。●多年生草本 ●15～30cm ●4～5月 ●4mm ●山林

及己（金粟兰科）
1～2 个花穗从叶片之间长出。●多年生草本 ●30～60cm ●5月 ●2mm ●山林

鱼腥草干燥后可以用来泡茶，此外，也可以在沐浴时作为沐浴剂使用。

169

五味子和它的近亲

五味子科均是木质藤本植物。花萼和花瓣沿花轴呈螺旋状生长，二者难以区分。雌蕊多数，会结出聚合果。日本莽草的花散发着芳香，但植株有毒。

攀附生长的五味子

●本篇介绍的均为五味子科植物。

果枝

种子

果实为聚合果，成熟后变红，像葡萄一样下垂。

雄花

花散发芳香。

果实有甜、辣等 5 种味道，由此得名。

果实可以酿果酒，也可以用来泡茶。

藤本植物，攀附生长。

雌花会变成聚合果。

花枝

花枝

在韩国，果实浸出的汁液是种饮料。

用果实酿成的果酒

五味子

落叶木质藤本。生长于山中。有雌株和雄株。秋季，红色果实在雌株上结出并下垂。

●5～7月 ●2cm ●10月 ●3～4cm（聚合果）●药用（止咳）、果酒

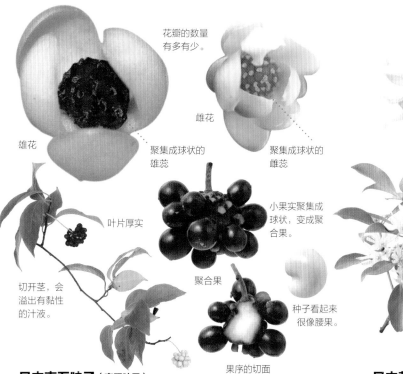

花瓣的数量有多有少。

雄花

雌花

聚集成球状的雄蕊

聚集成球状的雌蕊

叶片厚实

小果实聚集成球状，变成聚合果。

切开茎，会溢出有黏性的汁液。

聚合果

种子看起来很像腰果。

果序的切面

花朵芬芳。

红色的花（园艺品种）

果实含剧毒。

果实

稍露出种子的果实

种子

感冒药

八角是原产于中国南方的植物。果实就是常见的调味料八角。感冒药磷酸奥司他韦（达菲）就是利用八角的果实等原料制成的。

八角的果实

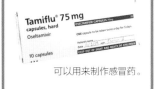

可以用来制作感冒药。

日本南五味子（南五味子）

果实和叶片都很漂亮，可以人工栽植。过去，人们用这种植物茎中的汁液护理头发。●6～8月 ●1.5cm ●11月 ●2～3cm（聚合果）●山野树林

日本莽草

叶片清香。有毒。●常绿树 ●3～4月 ●3～4cm ●9月 ●剧毒

●生活型 ●高度 ●花期 ●花径 ●果期 ●果径 ●原产地及分布 ●生境 ●利用价值 ●毒性

睡莲和它的近亲

●本篇介绍的均为睡莲科植物。

睡莲科是最原始的植物之一。人们推测，在植物分化成单子叶植物和双子叶植物之前，睡莲科植物的生活形态和现在的基本相同。

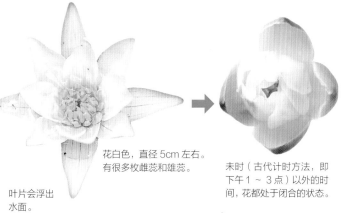

花白色，直径5cm左右。有很多枚雌蕊和雄蕊。

未时（古代计时方法，即下午1～3点）以外的时间，花都处于闭合的状态。

雄蕊多数，排成一圈。

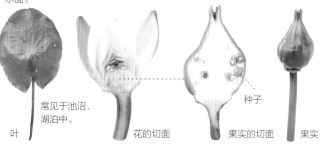

叶片会浮出水面。

常见于池沼、湖泊中。

叶　花的切面　果实的切面　果实

睡莲
水生植物。花和叶片浮于水面生长，果实在水中成熟。●多年生水生草本 ●6～9月 ●3～5cm ●池沼、湖泊

果实在水中成熟。

地下茎　种子　果实的切面

日本萍蓬草
多见于池塘。叶柄细长，叶片伸出水面生长。●多年生水生草本 ●6～9月 ●4～5cm ●药用（地下茎）、观赏

湿漉漉的莼菜

莼菜是莼菜科植物，是睡莲的近亲。和睡莲一样，叶片和花浮于水面生长。嫩叶被湿漉漉的胶质物包裹，可食用。

花　可食用的嫩叶

采摘嫩叶。

睡莲各种各样的近亲

耐寒的睡莲　　原产于北美洲，生长于池塘。叶片呈圆形，且有裂口，浮于水面生长。

爱慕（Attraction）

马利氏（Marliacea Chromatella）

罗丝·阿雷（Rose arey）

喜热的睡莲　　原产于热带地区。种植于温室中。花茎高，花散发香气。

斗奔（Daubeniana）

蓝银莲花（Blue Anemone）

白珍珠（White Pearl）

另类的开花方式

芡是一年生草本植物，睡莲的近亲。原产于亚洲。生长于池塘和沼泽，叶片上有尖刺。

不同于其他的睡莲科植物，芡的花会戳破叶片开放。芡的叶片表面有褶皱，有的直径超过2m，堪比王莲。二者不同的是，芡的叶片边缘不翘起。

睡莲和荷花看起来很像，区别在于荷花的叶片会伸出水面，而睡莲的叶片会漂浮在水面上。

日本扁柏、日本柳杉和它们的近亲

日本扁柏和日本柳杉都是裸子植物，借助风力传播花粉。它们的雌花生长在树枝的顶端，形状和松果的很像，花中没有包裹胚珠的子房。紫杉及罗汉松的种子有甜味，会被鸟类等动物啄食并带到其他地方。

春季，日本柳杉会产生大量的花粉，使人过敏。

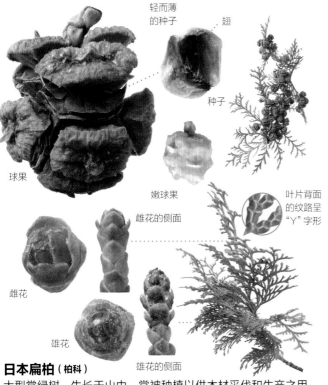

轻而薄的种子

翅

种子

球果

嫩球果

雌花的侧面

雌花

雄花

雄花的侧面

叶片背面的纹路呈"Y"字形

日本扁柏（柏科）
大型常绿树。生长于山中。常被种植以供木材采伐和生产之用。
●30m ●4月 ●2mm ●10 ～ 11月 ●1cm

球果直径2cm，有刺

球果

早春开花。

雌花

球果

雄花

雌花的侧面

雄花的侧面

日本柳杉（柏科）
生命周期长，能长成大型树。
●3 ～ 4月 ●3mm（雄花）5mm（雌花）●10 ～ 11月

球果

种子

嫩球果

雄球花

叶子在秋季变色，之后掉落。

常在公园种植。

水杉（柏科）
被称为活化石。●落叶树 ●20m
●2 ～ 3月 ●5mm（雄花）●10 ～ 11月 ●1.5cm ●原产于中国

假种皮

切面。假种皮肉质，味甜，可食用。

不要咬开，有毒。

种子

雌株的枝条

雌花

东北红豆杉（红豆杉科）
种子坚硬，被果冻状的假种皮包裹。●15 ～ 20m ●3 ～ 4月 ●3mm ●10月 ●9mm（假种皮）●地板、家具等 ●直接食用（假种皮）●有毒（种子）

成熟后仍是绿色的。会被山雀等吃下并带走。

雌花枝

种子

有雄株和雌株。

雄花枝

雄花

日本榧（红豆杉科）
大型树。生长于山中。种子含有油脂，可食用。被非常坚硬的外壳包裹。●25m ●5月 ●1cm（雄花）●9月 ●2.5cm ●食用、棋盘

种子

雌花

这里变粗。

果托。是种子的柄变粗后形成的。味甜，可食用。

雌株的果期

雄花枝

雄花序

罗汉松（罗汉松科）
种子看起来很像糖葫芦。●20m ●5 ～ 6月 ●8mm（雌花）●10月 ●1cm ●沿海的山上 ●直接食用（果托）●有毒（种子）

针叶树绿篱

侧柏的球果

一些针叶树不会长成非常高大的树木，因而较宜作为绿篱栽植于庭院中。

种植于房屋前面的侧柏

●生活型 ●高度 ●花期 ●花径 ●果期 ●果径 ●原产地及分布 ●生境 ●利用价值 ●毒性

松树和它的近亲

● 本篇介绍的均为松科植物。

松树和它的近亲因具有像针一样尖细的叶子而得名针叶树。这类针叶树没有子房，种子没有果皮包被，被称为裸子植物。松树的种子从球果（松果）中结出，由裸露的胚珠受精发育而来。

红交嘴雀正在球果的鳞片之间找种子吃。

······ 有翅，借助风力传播。

种子

鳞片上面结出2粒种子

能张开能闭合的球果
松树借助风力传播种子。雨天时，球果的鳞片闭合；晴天时，鳞片打开，种子便借助风力飞出去。

球果

嫩球果

雌花长在花序的顶端。

雨天的球果　　晴天的球果

雌花的侧面

雌花

雄花

雄花的侧面

嫩球果。第二年秋天成熟。

两年前结出的球果

树皮红色。

赤松
多见于山野。会结出球果。●30m●4～5月●4～5mm（雌花）、3mm（雄花）●10月●4～6cm●光照充足的山野

球果。比赤松的大。

树皮发黑。

黑松
生长于海岸。有健壮的树枝。
●4～5月●1.4～2cm（雄花长度）

寻找森林中的"炸大虾"
松鼠喜欢吃松树的种子。它们剥开鳞片吃种子的样子，就像我们剥开虾皮吃虾。

日本松鼠

"炸大虾"

球果

鳞片

种子 → 松树的果实

可作为盆栽栽植。

球果

红松

日本五针松
生长在陡峭的山脊上。种子可食用。●常绿树●20m●5月●10月●5～9cm

1 2 3 4 5
有5枚针叶。

从上面往下看，球果像朵玫瑰花。

雌花

雌花的侧面

雌花朝上开放。

短叶

雄花的侧面

球果朝上生长。

雄花

雄花向下开放。

球果

日本落叶松
落叶树，树叶在秋天变黄、掉落。●落叶树●30m●4～5月●1.2cm（雌花）、4mm（雄花）●9～10月●2～3cm●山中●纸浆

球果

嫩球果

球果下垂

1年前的球果

雄花

米铁杉
生长在高山上。●20～25m●6月●6mm●10月●2cm

球果

球果在枝头下垂

欧洲云杉
幼树可以用来烘托节日气氛。●10～20cm●原产于欧洲

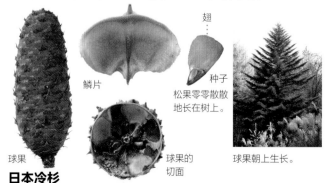

翅

鳞片

种子

松果零零散散地长在树上。

球果的切面

球果朝上生长。

日本冷杉
生长于温暖地区的山中。●常绿树●35～40m●5月●10月●9～13cm●山地●雕刻、鼓、桶

鳞片

球果。鳞片逐渐掉落后，中轴依然会挂在树上。

球果的鳞片都掉落了。

雪松
多见于公园。●9～11月●11月●10～15cm●原产于中亚

球果 黑紫色。

鳞片。上面长着2粒种子。

球果

白叶冷杉
生长在高山上。●常绿树●25m●6月●9～10月●9cm

长叶松是一种原产于北美洲的松树，能结出长15～25cm的大松果。针叶很长且垂下来，造型独特。

银杏、苏铁和它们的近亲

与针叶树一样，银杏、苏铁也是裸子植物，但是它们的叶片形状及花的结构与针叶树有所不同。花借助风力和昆虫传播花粉，花粉进入雌花之后，变成带鞭毛的精子游向卵子。银杏科、苏铁科植物的受精方式和蕨类植物有着一定的相似性。

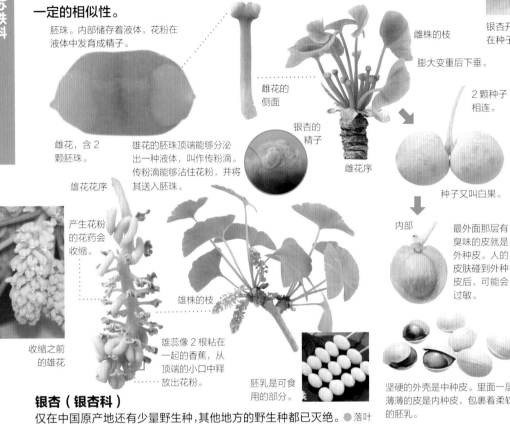

胚珠。内部储存着液体，花粉在液体中发育成精子。

雌花，含 2 颗胚珠。

雄花的胚珠顶端能够分泌出一种液体，叫作传粉滴。传粉滴能够沾住花粉，并将其送入胚珠。

雄花花序

产生花粉的花药会收缩。

收缩之前的雄花

雄蕊像 2 根粘在一起的香蕉，从顶端的小口中释放出花粉。

雌花的侧面

银杏的精子

雌花序

雌株的枝
膨大变重后下垂。

雄株的枝

胚乳是可食用的部分。

2 颗种子相连。

种子又叫白果。

内部

最外面那层有臭味的皮就是外种皮。人的皮肤碰到外种皮后，可能会过敏。

坚硬的外壳是中种皮。里面一层薄薄的皮是内种皮，包裹着柔软的胚乳。

银杏（银杏科）
仅在中国原产地还有少量野生种，其他地方的野生种都已灭绝。●落叶树●45m●4 ~ 5月●4mm（雌花）、2cm（雄花花序）●10 ~ 11月

银杏开花后约 5 个月，进入雌花中的花粉发育成精子，在种子内完成受精。

观察银杏的叶脉

银杏是一种古老的植物，它的祖先可以追溯到古生代。从那时起，银杏叶片的叶脉就分成了 2 个分支，这是银杏独有的特点。试着用放大镜观察银杏的叶片。

只有银杏的叶片是扇形的。

2 个分支。

银杏叶片的化石形成于 1 亿多年前的中生代，与现在的形态极其相似。

鳞片很像鸟的羽毛，聚集在一起生长。

雌花序

鳞片根部长有胚珠。

雄花序。触感温暖。像这种能够发热的植物被叫作发热植物。

雄株的鳞片，有存储花粉的囊。

苏铁。多见于公园、庭院。

和蕨类植物的嫩叶相似。

雌株。雌花序被羽毛状的坚硬叶片围绕。

雌株的侧面。红色的是种子，很显眼。

结出种子的鳞片

种子

苏铁（苏铁科）
和银杏一样，都是非常古老的植物。花粉以精子的形式受精。●常绿树●2 ~ 4m
●6 ~ 8月●50 ~ 70cm（雄花序）●3 ~ 5cm●暖热湿润的地区●有毒

苏铁的种子

苏铁的种子中含有丰富的淀粉，但是有毒，不可直接食用。

篮子中满满的苏铁种子

●生活型 ●高度 ●花期 ●花径（此页为长度）●果期 ●果径 ●原产地及分布 ●生境 ●利用价值 ●毒性

专业用语解释

主要解释常出现在本书中和花相关的用语。

花的专业用语

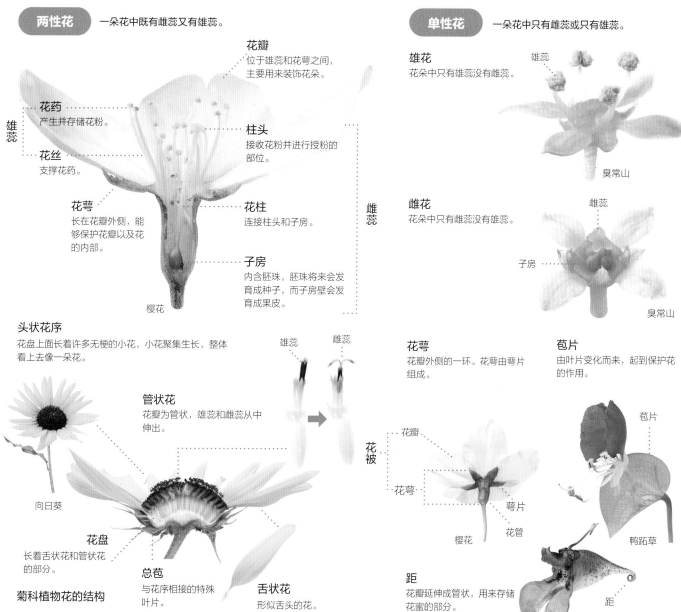

两性花 一朵花中既有雌蕊又有雄蕊。

花瓣
位于雄蕊和花萼之间，主要用来装饰花朵。

雄蕊

花药
产生并存储花粉。

花丝
支撑花药。

花萼
长在花瓣外侧，能够保护花瓣以及花的内部。

柱头
接收花粉并进行授粉的部位。

花柱
连接柱头和子房。

雌蕊

子房
内含胚珠，胚珠将来会发育成种子，而子房壁会发育成果皮。

樱花

单性花 一朵花中只有雌蕊或只有雄蕊。

雄花
花朵中只有雄蕊没有雌蕊。

雄蕊

臭常山

雌花
花朵中只有雌蕊没有雄蕊。

雌蕊

子房

臭常山

头状花序
花盘上面长着许多无梗的小花，小花聚集生长，整体看上去像一朵花。

雄蕊　雌蕊

管状花
花瓣为管状，雄蕊和雌蕊从中伸出。

向日葵

花盘
长着舌状花和管状花的部分。

总苞
与花序相接的特殊叶片。

舌状花
形似舌头的花。

菊科植物花的结构

花萼
花瓣外侧的一环。花萼由萼片组成。

苞片
由叶片变化而来，起到保护花的作用。

花被

花瓣

花萼

萼片

花管

樱花

苞片

鸭跖草

距
花瓣延伸成管状，用来存储花蜜的部分。

距

野凤仙花

果实和种子的相关用语

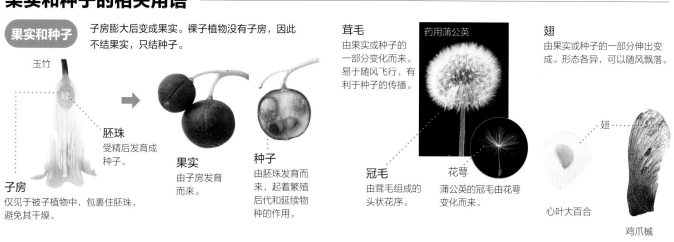

果实和种子 子房膨大后变成果实。裸子植物没有子房，因此不结果实，只结种子。

玉竹

胚珠
受精后发育成种子。

子房
仅见于被子植物中，包裹住胚珠，避免其干燥。

果实
由子房发育而来。

种子
由胚珠发育而来，起着繁殖后代和延续物种的作用。

茸毛
由果实或种子的一部分变化而来。易于随风飞行，有利于种子的传播。

药用蒲公英

冠毛
由茸毛组成的头状花序。

花萼
蒲公英的冠毛由花萼变化而来。

翅
由果实或种子的一部分伸出变成。形态各异，可以随风飘落。

翅

心叶大百合

鸡爪槭

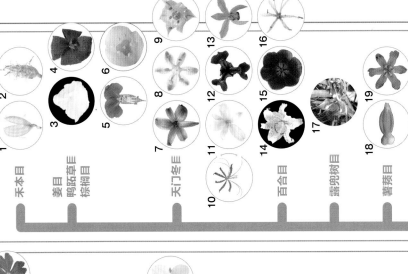

植物的演化和分类

以遗传物质（DNA）分析法（APG 被子植物分类法）最新分类为依据进行排序，展示植物的演化顺序和分类。

● 位置越靠上的植物，出现的时间越晚。
● 带"*"标记的是没有出现在本书中的目，因此没有植物的图片展示。

开花植物
通过种子繁殖后代。雌蕊受粉后，发育成种子。

被子植物
胚珠有子房包被，子房最终发育成果实。

核心被子植物

被子植物最重要的演化支。最初，被子植物被分成单子叶植物和双子叶植物两大类，后来，双子叶植物被细分成不同的系群。核心双子叶植物就是其中的一个系群。目前 90% 以上的被子植物属于此类。

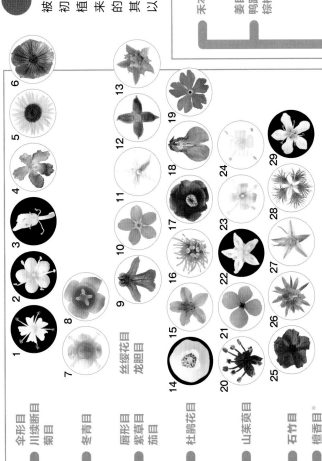

伞形目
川续断目
菊目
冬青目
唇形目
紫草目
茄目
杜鹃花目
山茱萸目
石竹目
檀香目*

丝缨花目
龙胆目

缨子木目
无患子目
锦葵目
十字花目
桃金娘目
壳斗目
蔷薇目
豆目
金虎尾目
酢浆草目
卫矛目
葡萄目
虎耳草目

禾本目
姜目
鸭跖草目
棕榈目
天门冬目
百合目
露兜树目
薯蓣目

单子叶植物

种子中仅有 1 片子叶。叶片细，叶脉平行。茎部维管束无规则排列，基本上不会增粗太多。花瓣多为 3 的倍数，花萼与花瓣不容易辨别区分。

泽泻目
菖蒲目*

真双子叶植物

种子中有两片子叶。叶脉分为主脉和侧脉，呈网状。茎部维管束呈放射状排列。茎会不断增粗并形成年轮。花瓣和花萼的数量通常为 4 或 5 的倍数。

黄杨目
山龙眼目
毛茛目

樟目
木兰目
胡椒目
金粟兰目
木兰藤目
睡莲目

原始被子植物

又叫基部被子植物。起源于古老的双子叶植物，所以保留了双子叶植物的一些特征，同时又具有单子叶植物的一些特征。花瓣和花萼之间的区别不明显。

柏目
南洋杉目
松目
银杏目
苏铁目

裸子植物

没有果实。结出的种子是裸露的。

不开花的植物

通过孢子繁殖。精子游向卵子进行受精。

蕨类植物　有根、茎、叶。叶片有叶脉。茎中有维管束。

苔藓植物　植株矮小，贴近地面生长。叶片没有叶脉。

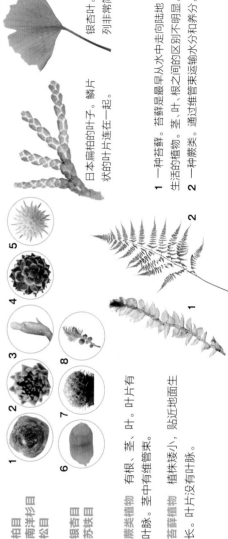

日本扁柏的叶子，鳞片状的叶片连在一起。

银杏叶，有叶脉，但排列非常简单。

银杏是最早从水中走向陆地生活的植物。茎、叶、根之间的区别不明显。茎叶根通过维管束来运输水分和养分。

1 一种苔藓。苔藓是最早从水中走向陆地生活的植物。
2 一种蕨类。

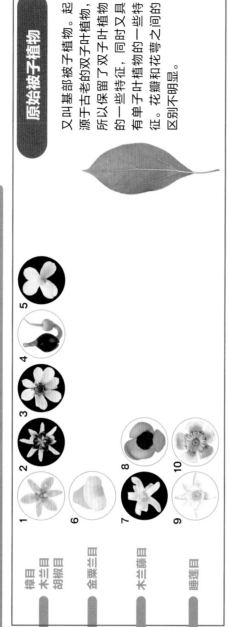

真双子叶植物 1 日本独活 2 荚蒾 3 忍冬 4 紫盆花 5 向日葵 6 桔梗 7 全缘冬青 8 青荚叶 9 金疮小草 10 勿忘草 11 番茄 12 青木 13 笔龙胆 14 马醉木 15 皋月杜鹃 16 岩镜 17 山茶 18 野凤仙花 19 樱草 20 绣球（两性花）21 绣球（不孕花）22 圆锥绣球 23 洵木 24 山茱萸 25 紫茉莉 26 昙花属杂交品种 27 鸡冠花 28 长萼瞿麦 29 荞麦 30 早春旌节花 31 温州蜜柑 32 楝 33 木芙蓉 34 欧洲油菜 35 千屈菜 36 凤榴 37 老鹳草 38 天竺葵 39 桔梗楼 40 胡桃楸 41 染井吉野樱 42 玫瑰 43 紫云英 44 一品红 45 东北堇菜 46 酢浆草 47 垂丝卫矛 48 紫葛葡萄 49 马爹每 50 珠芽景天 51 宫灯长寿花 52 虎耳草 53 日本黄杨 54 日本黄杨（雌花）55 日本黄杨（雄花）56 二球悬铃木 57 莲 58 毛茛 59 暗叶铁筷子 60 日本马兜头 61 南天竹 62 木通 63 长果娄器薯

单子叶植物 1 稻 2 水葱 3 蘘荷 4 美人蕉 5 鸭跖草 6 蒲葵 7 风信子 8 绵枣儿 9 细香葱 10 石蒜 11 萱草根 12 溪荪 13 白及 14 天香百合 15 郁金香 16 东方胡麻花 17 林投 18 日本薯蓣 19 山萆薢 20 野慈姑 21 细齿南星 22 沼芋

原始被子植物 1 红楠 2 蜡梅 3 日本厚朴 4 马兜铃 5 鱼腥草 6 草珊瑚 7 五味子 8 日本莲草 9 睡莲 10 日本萍蓬草

裸子植物 1 日本扁柏 2 日本柳杉 3 罗汉松 4 赤松 5 日本落叶松 6 银杏 7 苏铁（雌花序）8 苏铁（鳞片）

名词解释

生物分类等级

用生物学分类的方法对生物的物种进行分组和归类。生物分类等级包括界、门、纲、目、科、属、种七个。界是最大的生物分类单位，种是最基本的生物分类单位。

被子植物 APG 分类法

区别于传统的形态分类法，被子植物 APG 分类法主要依照植物基因组 DNA 的顺序，以亲缘分支的方法进行分类。"APG 系统"是由 29 位植物学家组成的"被子植物系统发育小组"于 1998 年提出的，2003 年和 2009 年分别发布了 APG II 和 APG III 系统，最近的 APG IV 系统于 2016 年发布。

一年生草本

在一年的时间内经历发芽、生长、开花、死亡这一系列过程的草本植物。

二年生草本

第一年发芽，并长出根、茎、叶，然后在寒冷季节进入休眠阶段；第二年开花、结果、死亡的草本植物。

多年生草本

指能活两年或两年以上的草本植物，常年不断更新繁殖。有的植物会根据季节枯萎（地上部分）、休眠，有的常绿。

常绿树

一整年都会长出绿叶的树。

落叶树

寒冷或干燥的季节，叶片会枯萎并掉落的树木。

花序

由许多小花聚集生长形成的集合体。有头状花序、穗状花序、圆锥花序等。

果序

由许多小果实聚集生长形成的集合体。

受精

雌蕊中产生的卵细胞和花粉形成的精细胞融合成受精卵的过程。

传粉

雄蕊产生的花粉传送到雌蕊柱头上的过程。

自花传粉

雄蕊产生的花粉落到同一朵花的柱头上。在自然界中，自花传粉不是很普遍。

异花传粉

一朵花的花粉传到另一朵花雌蕊的柱头上的过程。大多数植物都有异花传粉的特性。

风媒传粉

依靠风传播花粉，这类植物的花称为风媒花。风媒花通常外形朴素，很不显眼，如大部分禾本科植物。

短柱花

雄蕊长而雌蕊短的花。只接受和自己不同类型花（长柱花）的花粉才能结出果实。

中柱花

雄蕊和雌蕊长度相同。在开短柱花和长柱花的植物中偶尔可见。自花传粉也能结出果实。

长柱花

雄蕊短而雌蕊长的花。只有接受短柱花的花粉才能结出果实。

鸟媒传粉

借助鸟类传播花粉，其中传粉的主要是一些小型的蜂鸟，主要分布在北美洲和南美洲。

虫媒传粉

借助昆虫传播花粉。这类植物的花称为虫媒花。传粉的昆虫有很多，常见的有蝴蝶、飞蛾、蜜蜂、食蚜蝇、甲虫等。

雄株

雌雄异株植物中，只开出雄花的植物。通常，雄株开花的数量比雌株的多。

雌株

雌雄异株植物中，只开雌花的植物。

雄花

只有雄蕊没有雌蕊的花，不能发育成果实。

雌花

只有雌蕊没有雄蕊的花，不能产生花粉。

雌雄异株

雄花和雌花分别生长在不同的植株上。

雌雄同株

雄花和雌花都生长在同一植株上。

唇瓣

兰科等植物的花瓣，形状不规则，比其他花瓣更大。能吸引昆虫前来传播花粉，并为其提供一个着陆的平台。

花托

位于花梗顶端的膨大部分，花萼、花冠、雄蕊群以及雌蕊群按照一定的方式或次序着生在上面。

腺体

能够分泌花蜜、黏液的组织。有些植物的腺体位于花之外的部分。

鳞茎

地下茎的一种，形状像圆盘，下部有不定根，上部有许多变态的叶子，内含营养物质，肥厚多肉，从鳞茎的中心生出地上茎。

药隔

雄蕊上连接两个花粉囊的部分。

野生植物

没有人为因素的干扰，在自然状态下生长的植物。使原来驯化的植物回到野生或者半野生的状态叫作野生化。

栽培植物

与野生植物种类相同，但花的颜色、形状、枝叶生长方式等有所不同，具有利用价值，可种植。通常，园艺品种是用来观赏的，栽培品种是用来食用的。

驯化植物

通过人工栽培、自然选择或者人工选择，使野生植物、外来植物适应本地的自然环境和栽种条件，成为满足生产或观赏需要的本地植物，这一过程叫作植物引种驯化，而这些植物叫作驯化植物。

品种

同一物种内，能以至少一个性状与种内其他植物区别开的植物分类单元，如花的颜色、形状、枝叶生长方式等。除了人工培育的园艺植物以及栽培植物以外，同样适用于野生植物。

变种

生物分类中，比种小的单位。变种保留了种的特有属性，但是在某方面存在一定差别。

外来入侵物种

外来入侵物种是指由于人类活动而引入的非本地物种，会对本地生态系统造成一定危害。

多年生短命植物

春天短时期内开花、结果，之后种子或地下器官进入休眠期，直到第二年春天苏醒、生长的多年生草本的总称。如猪牙花。

阔叶树

相对于针叶树而言，指叶片宽阔的树。一般指双子叶植物类的树木。

针叶树

通常指裸子植物，如杉树、柏树、松树等，叶子一般为针叶或鳞叶。绝大多数针叶树都为常绿树。

被子植物

开花植物中，胚珠有子房包裹，能结出果实的植物。比裸子植物更加进化，叶片通常较大。

裸子植物

胚珠没有子房包裹，只结种子不结果实的开花植物，例如银杏、苏铁、针叶树等。

异养植物

完全或部分失去光合作用的能力，需要依靠其他生物制造的营养物质生存的植物。

●**作者·主编·照片**

多田多惠子　理学博士（植物生态学）

●**照片拍摄**

大作晃一　自然摄影师
龟田龙吉　自然摄影师

●**照片提供**

田中肇　木原浩　岩间史朗　高桥修　北村治　平野隆久　西野荣正　山田隆彦　Nature Production / Amana Images　OASIS　PIXTA　Photolibrary　PPS 通信社　123RF

●**摄影协助**

国立科学博物馆　筑波实验植物园
东京大学大学院理学系研究科附属植物园　日光分园
变化朝颜研究协会　东京朝颜研究协会　筑波兰花协会　江北菊花协会　足立区都市农业公园　北区自然信息中心　静冈县观光协会　Fresh-Flowers 丸之内店　一作农园　E.Bu.Ri.Ko　东京理科大学野田校区创立 100 周年校友会纪念自然公园
馆野正树　清水淳子　山本薰　指宿尚子　伊藤重和　宫川光昭　押田胜巳　樋口国雄　福田知子　神宫寺孝之　村山孝博　寺田利惠
金子明美　前田绘理子　中山美惠子　荒明子　藤本由美子　香川长生　井泽健辅　繁森亚实　石渡静美　广濑雅敏　安延尚文　石田美菜子　川出惠子　中村文夫　河内孝子　高桥伸宏　本城文子　冈田木华　千叶美穗　野地美智子　高桥正　山口正　远藤菜绪子

●**文本协助**

大场广辅　宫下彩奈　木下美香　北川公子　胜山辉男　佐藤浩一　上田慧介　寺内优美子

●**插画**

神田惠　中村留美

●**原书封面、文字、版式设计**

田中未来　中田薰（MIKAN-DESIGN）

参考文献

《日本野生植物》草本Ⅰ、Ⅱ、Ⅲ，2006 年，平凡社
《日本野生植物》木本Ⅰ，2010 年，平凡社
《日本野生植物》木本Ⅱ，2005 年，平凡社
《日本归化植物》，2011 年，平凡社
《花和昆虫创造的自然》，1997 年，保育社
《山溪便携图鉴 1 田野之花》，2007 年，山与溪谷社
《山溪便携图鉴 2 山之花》，2013 年，山与溪谷社
《山溪便携图鉴 3 树之花》，2006 年，山与溪谷社
《山溪便携图鉴 4 树之花》，2005 年，山与溪谷社
《山溪便携图鉴 5 树之花》，2008 年，山与溪谷社
《山溪色彩名录 日本的树木》，1985 年，山与溪谷社
《山溪色彩名录 日本的野草》，1983 年，山与溪谷社
《山溪色彩名录 园艺植物》，1998 年，山与溪谷社
《植物的私生活》，1998 年，山与溪谷社
《日本归化植物照片图鉴》，2011 年，全国农村教育协会
《日本归化植物照片图鉴（第 2 卷）》，2010 年，全国农村教育协会
《APG 原色牧野植物大图鉴》Ⅰ，2012 年，北隆馆
《APG 原色牧野植物大图鉴》Ⅱ，2013 年，北隆馆
《新修订牧野新日本植物图鉴》，2000 年，北隆馆
《维管束植物分类表》，2013 年，北隆馆
《植物分类表》，2011 年，Aboc 社
《身边的植物果实、种子手册》，2012 年，文一综合出版
《深山植物手册》，2009 年，NHK 出版
《神秘的大自然增补修订植物生态图鉴》，2010 年，学研教育出版
《园林植物大百科（精简版）》，2004 年，小学馆
《野草的花、叶辨析指南》，2009 年，小学馆
《小学馆大百科：植物》，2002 年，小学馆
《小学馆大百科 POCKET：植物》，2010 年，小学馆
《小学馆大百科：饲养和观察》，2005 年，小学馆
《小学馆大百科：蔬菜和水果》，小学馆
《小学馆大百科：昆虫》，2002 年，小学馆
《小学馆大百科：鸟》，2002 年，小学馆

图书在版编目（CIP）数据

小学馆大百科. 花的世界 / (日) 多田多惠子著；
(日) 大作晃一摄；普磊译. -- 北京：北京联合出版公
司, 2022.8
　　ISBN 978-7-5596-5415-1

　　Ⅰ.①小… Ⅱ.①多… ②大… ③普… Ⅲ.①花卉—
儿童读物 Ⅳ.①S68-49

中国版本图书馆CIP数据核字(2021)第136758号

SHOGAKUKAN NO ZUKAN NEO HANA
by SHOGAKUKAN
©2014 SHOGAKUKAN
All rights reserved.
Original Japanese edition published by SHOGAKUKAN.
Chinese translation rights in China (excluding Hong Kong, Macao and Taiwan)
arranged with SHOGAKUKAN through Shanghai Viz Communication Inc.

本书中文简体版权归属于银杏树下(北京)图书有限责任公司

小学馆大百科：花的世界

著　　者：[日]多田多惠子
摄　　影：[日]大作晃一
译　　者：普　磊
审　　校：徐申健
出 品 人：赵红仕
选题策划：北京浪花朵朵文化传播有限公司
出版统筹：吴兴元
编辑统筹：冉华蓉
特约编辑：李兰兰　胡晟男
责任编辑：管　文
营销推广：ONEBOOK
装帧制造：墨白空间·唐志永

- -
北京联合出版公司出版
（北京市西城区德外大街83号楼9层　100088）
天津图文方嘉印刷有限公司印刷　新华书店经销
字数670千字　889毫米×1194毫米　1/16　12.5印张
2022年8月第1版　2022年8月第1次印刷
ISBN 978-7-5596-5415-1
定价：160.00元
- -

大花草

生长于苏门答腊岛的热带雨林中。大花草科的全寄生植物，寄生于葡萄科的植物上。花较大，单朵花直径最大的可有 1m 以上。●多年生草本 ●一整年（多集中在4~10月）● 90~100cm（重约 5kg）●原产于苏门答腊岛 ●寄生于葡萄科植物

花的内部。过去，曾有人怀疑其为食人花。

花蕾。据说重量能达到 5kg 左右。

花朵开放。花瓣逐片缓慢展开。每次开花时间约为 4 天。

释放出浓烈臭气，能够吸引苍蝇，帮助自己传播花粉。